PREFACE

‘아름다움’의 사전적 정의는 모양이나 색깔, 소리 따위가 마음에 들어 만족스럽고 좋은 느낌을 갖는 것을 말합니다.

원색 가득한 한아름의 장미를 보거나 멋진 풍광과 마주대할 때도, 또한 애완견의 작은 몸짓에도 우리는 아름답다는 표현을 합니다.

그러나 그 어떤 아름다운 표현이 극대화된다 해도 인간의 몸보다 아름다운 것이 있을까? 생각합니다. 아무리 아름다운 옷을 걸쳤어도 가장 눈부신 인간 본연의 아름다움이란 바로 인체 고유의 몸매라고 생각합니다. 바로 이런 생각에서 전신관리학을 준비하게 되었고, 보다 객관적인 평가와 NCS(National Competency Standards : 국가직무능력표준)를 기반으로 하여 체계적인 이해와 평가가 반영될 수 있도록 담아보고자 하였습니다.

NCS에 기반을 둔 전신관리학은 각 단계별로 수행준거를 바탕으로 지식과 기술, 태도를 익혀 산업현장에서 요구로 하는 직무능력을 습득하여 전문가로서의 피부미용인을 양성하는데 목적을 두고 있습니다.

본 교재는 해부학적 기초이론과 전신관리의 학습모듈의 목표에 맞추어 몸매를 분석한 후 몸매를 클렌징, 딥클렌징하기를 한 후 등, 복부, 손, 팔, 발, 다리, 가슴에 매뉴얼 테크닉을 실시하고 팩 · 마스크를 실시한 후 마무리하는 과정을 담았습니다. NCS를 기반으로 한 전신관리의 교재로서 이론과 실무를 체계화하는데 도움이 될 수 있는 교재가 되길 바랍니다.

끝으로 본 교재의 출판을 위해 도움을 주신 구민사 조규백 대표님과 여러분들의 노고에 깊은 감사를 드립니다.

전 소 현

CONTENT

Part 1 몸매분석하기

Part 2 전신관리

NCS 능력단위

분류번호	1201010204_14v2
능력단위 명칭	전신관리
능력단위 정의	몸매를 분석한 후 전신을 클렌징, 딥클렌징을 한 후 부위별 매뉴얼테크닉을 실시하고 영양물질 도포, 팩 · 마스크를 실시한 후 마무리할 수 있는 능력이다.

능력단위요소	수행준거		
1201010204_14v2.1 몸매분석하기	1.1 고객의 현재 몸매 상태를 파악할 수 있다. 1.2 선천적 몸매와 잘못된 습관에 의해 만들어진 몸매를 구분할 수 있다. 1.3 몸매 부위별 문제점을 파악하고 부위별 체형에 대해 분류할 수 있다. 1.4 분석결과에 따라 전신관리 계획을 수립할 수 있다.		
	[지 식] • 근골격계 · 해부생리 • 피부관리에 관한 지식 • 피부미용기기에 관한 지식	[기 술] • 신체구조 및 장단점을 파악하는 능력 • 부위별 체형에 대한 분류 능력 • 전신관리 계획 수립 능력	[태 도] • 고객의 심리적 안정감을 주려는 의지
1201010204_14v2.2 전신 클렌징하기	2.1 전신부위별 피부유형에 따라 클렌징 방법과 제품을 선택할 수 있다. 2.2 전신피부유형에 맞는 제품과 테크닉으로 클렌징할 수 있다. 2.3 온습포 또는 경우에 따라 냉습포로 닦아내고 토닉으로 정리할 수 있다.		
	[지 식] • 기초화장품 종류 및 성분 • 전신 피부미용관리에 관한 지식 • 위생과 소독 방법 • 전신피부유형에 관한 지식	[기 술] • 클렌징 테크닉 능력 • 위생관리 능력 • 습포사용 능력	[태 도] • 고객이 편안히 이완할 수 있도록 배려하려는 의지 • 위생적으로 고객을 배려하려는 의지 • 고객의 반응을 살피려는 의지
1201010204_14v2.3 전신 딥클렌징하기	3.1 전신 피부 유형별 딥클렌징 제품을 선택할 수 있다. 3.2 딥클렌징 제품의 특성에 따라 전신 피부 유형에 맞게 적용하여 사용할 수 있다. 3.3 해당 미용기기를 활용할 수 있다.		
	[지 식] • 딥클렌징 제품과 피부미용기기에 관한 지식 • 위생과 소독 방법 • 피부의 구조와 생리 • 기초화장품 종류 및 성분	[기 술] • 전신 피부유형에 따른 딥클렌징제품 선택 능력 • 물리적 · 화학적방법 적용 능력 • 미용기기 활용 능력	[태 도] • 고객이 편안히 이완할 수 있도록 배려하려는 의지 • 위생적으로 고객을 배려하려는 의지 • 고객의 반응을 살피려는 의지

<table>
<tr><th>능력단위요소</th><th colspan="3">수행준거</th></tr>
<tr><td rowspan="2">1201010204_14v2.4
등 관리하기</td><td colspan="3">4.1 등 피부유형에 맞는 제품을 선택할 수 있다.
4.2 등의 상태를 파악하고 목적에 맞는 매뉴얼테크닉을 적용할 수 있다.
4.3 시간, 속도, 리듬, 밀착, 세기를 고려하여 등 매뉴얼 테크닉을 구사할 수 있다.</td></tr>
<tr><td>[지 식]
• 피부에 관한 지식
• 근골격계·해부생리
• 위생소독 방법
• 피부관리에 관한 지식
• 기초화장품 종류·성분 및 사용법
• 피부미용기기에 관한 지식
• 매뉴얼 테크닉에 관한 지식</td><td>[기 술]
• 쓸어서 펴바르기 능력
• 밀착하여 펴바르기 능력
• 어루만져 펴바르기 능력
• 토닥토닥 펴바르기 능력
• 떨며 펴바르기 능력</td><td>[태 도]
• 고객을 편안하고 안정적으로 배려하는 의지
• 신체부위 노출을 삼가려는 의지</td></tr>
<tr><td rowspan="2">1201010204_14v2.5
복부 관리하기</td><td colspan="3">5.1 고객의 복부상태에 따른 금기사항을 파악할 수 있다.
5.2 복부 피부유형에 맞는 제품을 선택할 수 있다.
5.3 복부의 상태를 파악하고 목적에 맞는 복부 매뉴얼테크닉을 적용할 수 있다.
5.4 시간, 속도, 리듬, 밀착, 세기를 고려하여 복부 매뉴얼테크닉을 구사할 수 있다.</td></tr>
<tr><td>[지 식]
• 피부에 관한 지식
• 근골격계·해부생리
• 위생소독 방법
• 피부관리에 관한 지식
• 기초화장품 종류 및 성분
• 피부미용기기에 관한 지식
• 매뉴얼 테크닉에 관한 지식</td><td>[기 술]
• 쓸어서 펴바르기 능력
• 밀착하여 펴바르기 능력
• 어루만져 펴바르기 능력
• 토닥토닥 펴바르기 능력
• 떨며 펴바르기 능력</td><td>[태 도]
• 고객을 편안하고 안정적으로 배려하는 의지
• 신체부위 노출을 삼가려는 의지</td></tr>
<tr><td rowspan="2">1201010204_14v2.6
손, 팔 관리하기</td><td colspan="3">6.1 손, 팔 피부유형에 맞는 제품을 선택할 수 있다.
6.2 손, 팔의 상태를 파악하고 목적에 맞는 매뉴얼 테크닉을 구사할 수 있다.
6.3 시간, 속도, 리듬, 밀착, 세기를 고려하여 손, 팔 매뉴얼테크닉을 구사할 수 있다.
6.4 손끝에서 어깨까지 매뉴얼 테크닉을 적용할 수 있다.</td></tr>
<tr><td>[지 식]
• 피부에 관한 지식
• 근골격계·해부생리
• 위생소독 방법
• 피부관리에 관한 지식
• 기초화장품 종류 및 성분
• 피부미용기기에 관한 지식
• 매뉴얼 테크닉에 관한 지식</td><td>[기 술]
• 쓸어서 펴바르기 능력
• 밀착하여 펴바르기 능력
• 어루만져 펴바르기 능력
• 토닥토닥 펴바르기 능력
• 떨며 펴바르기 능력</td><td>[태 도]
• 고객을 편안하고 안정적으로 배려하는 의지
• 신체부위 노출을 삼가려는 의지</td></tr>
</table>

<table>
<tr><th>능력단위요소</th><th colspan="3">수행준거</th></tr>
<tr><td rowspan="2">1201010204_14v2.7
발, 다리 관리하기</td><td colspan="3">7.1 고객의 발, 다리 피부를 파악하여 금기해야할 관리를 피할 수 있다.
7.2 발과 다리 피부유형에 맞는 제품을 선택할 수 있다.
7.3 발과 다리의 상태를 파악하고 목적에 맞는 매뉴얼 테크닉을 적용할 수 있다.
7.4 시간, 속도, 리듬, 밀착, 세기를 고려하여 발, 다리 매뉴얼테크닉을 구사할 수 있다.
7.5 발부터 둔부까지 매뉴얼 테크닉을 적용할 수 있다.</td></tr>
<tr><td>[지 식]
• 피부에 관한 지식
• 근골격계·해부생리
• 위생소독 방법
• 피부관리에 관한 지식
• 기초화장품 종류 및 성분
• 피부미용기기에 관한 지식
• 매뉴얼 테크닉에 관한 지식</td><td>[기 술]
• 쓸어서 펴바르기 능력
• 밀착하여 펴바르기 능력
• 어루만져 펴바르기 능력
• 토닥토닥 펴바르기 능력
• 떨며 펴바르기 능력</td><td>[태 도]
• 고객을 편안하고 안정적으로 배려하는 의지
• 신체부위 노출을 삼가려는 의지
• 고객의 반응을 살피려는 의지</td></tr>
<tr><td rowspan="2">1201010204_14v2.8
가슴관리하기</td><td colspan="3">8.1 고객의 가슴피부를 파악하여 금기해야할 관리와 유두부위를 피할 수 있다.
8.2 가슴 피부유형에 맞는 제품을 선택할 수 있다.
8.3 가슴의 형태를 파악하고 목적에 맞는 매뉴얼 테크닉을 적용할 수 있다.
8.4 시간, 속도, 리듬, 밀착, 세기를 고려하여 가슴 매뉴얼테크닉을 구사할 수 있다.</td></tr>
<tr><td>[지 식]
• 피부에 관한 지식
• 근골격계·해부생리
• 위생소독 방법
• 피부관리에 관한 지식
• 기초화장품 종류 및 성분
• 피부미용기기에 관한 지식
• 매뉴얼 테크닉에 관한 지식</td><td>[기 술]
• 쓸어서 펴바르기 능력
• 밀착하여 펴바르기 능력
• 어루만져 펴바르기 능력
• 토닥토닥 펴바르기 능력
• 떨며 펴바르기 능력</td><td>[태 도]
• 고객을 편안하고 안정적으로 배려하는 의지
• 신체부위 노출을 삼가려는 의지</td></tr>
<tr><td rowspan="2">1201010204_14v2.9
전신 팩 · 마스크하기</td><td colspan="3">9.1 전신 피부유형에 따른 팩과 마스크종류를 선택할 수 있다.
9.2 제품성질에 맞게 팩과 마스크를 사용할 수 있다.
9.3 관리 후 팩과 마스크를 안전하게 제거할 수 있다.</td></tr>
<tr><td>[지 식]
• 위생과 소독 방법
• 화장품 종류·성분 및 사용법
• 피부구조와 생리</td><td>[기 술]
• 팩과 마스크 선택 및 사용능력
• 팩과 마스크 제거 능력</td><td>[태 도]
• 고객을 편안하고 안정적으로 배려하는 의지
• 고객을 배려하는 태도</td></tr>
<tr><td rowspan="2">1201010204_14v2.10
전신관리 마무리하기</td><td colspan="3">10.1 전신관리가 끝난 후 토닉으로 피부정리를 할 수 있다.
10.2 고객의 전신 피부유형에 따른 기초화장품류를 선택할 수 있다.
10.3 해당부위에 맞는 제품을 선택 후 특성에 따라 적용할 수 있다.
10.4 피부손질이 끝난 후 전신을 가볍게 이완할 수 있다.</td></tr>
<tr><td>[지 식]
• 보습, 화장품 종류·성분 및 사용법
• 피부유형에 대한 지식</td><td>[기 술]
• 제품 바르는 능력
• 근육이완 능력(핸드 드라이)
• 습포 사용 능력</td><td>[태 도]
• 고객의 선호도에 따른 화장품의 사용량을 조절하려는 의지
• 잔여물이 남지 않도록 노력하려는 의지</td></tr>
</table>

GUIDE

※ 미용사(피부) 필기 출제기준

피부미용이론	해부생리학
1. 피부미용개론 2. 피부분석 및 상담 3. 클렌징 4. 딥클렌징 5. 피부유형별 화장품 도포 6. 매뉴얼 테크닉 7. 팩·마스크 8. 제모 9. 신체 각 부위(팔, 다리, 등) 관리 10. 마무리 11. 피부와 부속기관 12. 피부와 영양 13. 피부장애와 질환 14. 피부와 광선 15. 피부면역 16. 피부노화	1. 세포와 조직 2. 뼈대(골격)계통 3. 근육계통 4. 신경계통 5. 순환계통 6. 소화기계통

피부미용 기기학	화장품학	공중위생관리학
1. 피부미용기기 및 기구 2. 피부미용기기 사용법	1. 화장품학개론 2. 화장품제조 3. 화장품의 종류와 기능	1. 공중보건학 2. 소독학 3. 공중위생관리법규 (법, 시행령, 시행규칙)

※ 미용사(피부) 실기 출제기준

피부미용 위생관리	얼굴관리
1. 피부미용 작업장위생 관리하기 2. 피부미용 비품위생 관리하기 3. 피부미용사 위생관리하기	1. 얼굴 클렌징하기 2. 눈썹 정리하기 3. 얼굴 딥클렌징하기 4. 얼굴 매뉴얼테크닉하기 5. 영양물질 도포하기 6. 얼굴 팩·마스크하기 7. 마무리하기

신체 각 부위(팔, 다리, 등)관리	피부미용 특수관리
1. 신체 각 부위별 클렌징하기 2. 신체 부위별 딥클렌징하기 3. 등 관리하기 4. 손, 팔 관리하기 5. 발, 다리 관리하기 6. 신체부위별 팩·마스크하기 7. 신체부위별 관리 마무리하기	1. 제모하기 2. 림프관리하기

Part 1

몸매분석하기

학·습·목·표

- 고객의 현재 몸매 상태를 파악할 수 있다.
- 선천적 몸매와 잘못된 습관에 의해 만들어진 몸매를 구분할 수 있다.
- 몸매 부위별 문제점을 파악하고 부위별 체형에 대해 분류할 수 있다.
- 분석결과에 따라 몸매관리 계획을 수립할 수 있다.

CHAPTER 1

해부학

1 해부학적 자세(Anatomical Position)

해부학적 자세란 인체면의 모든 방향과 위치의 기준이 되는 자세로 팔을 몸 옆에 붙이고 시선은 수평으로 정면을 바라보며 발가락과 손바닥은 앞쪽을 바라보고 몸을 똑바로 세운 자세로서 인체의 기본적인 자세이다.

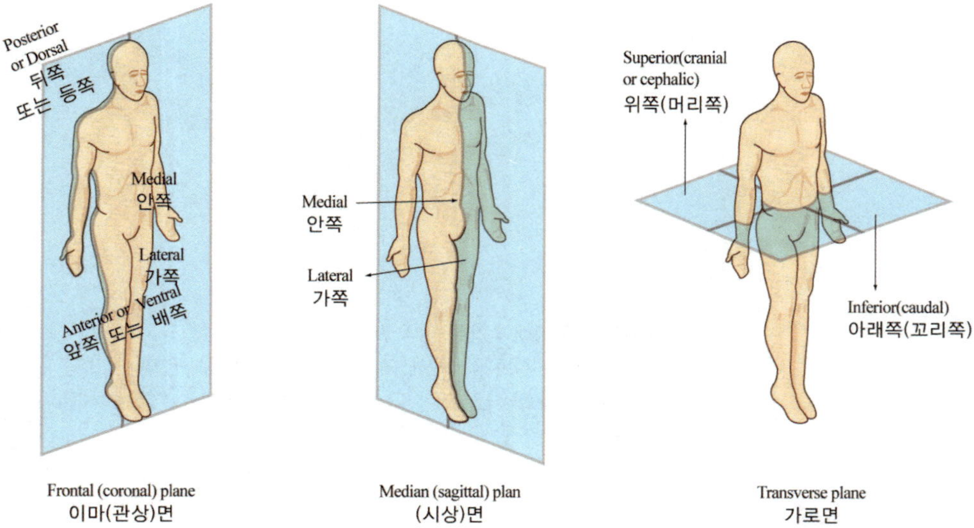

• 그림 1 • 인체의 면과 해부학적 방향

memo

기타 자세

① **직립 자세(erect position)** : 서있는 자세
② **앙와위 자세(supine position)** : 배와 가슴을 위로 하고 반듯이 누운 자세
③ **복와위 자세(prone position)** : 배와 가슴을 아래로 향하고 누워있는 자세
④ **측와위 자세(laterally recumbent position)** : 왼쪽 또는 오른쪽으로 향하고 누워있는 자세

1) 인체의 면(Planes of the Body)

① **이마면, 관상면**(frontal or coronal plane) : 인체의 몸통을 앞, 뒤로 갈라 구분

② **정중면, 시상면**(median or sagittal plane) : 인체의 몸통을 좌, 우로 갈라 구분

③ **가로면**(transverse plane) : 인체의 몸통을 위, 아래로 갈라 구분

2) 해부학적 방향(Anatomical Direction)

① **앞**(anterior) : 신체 앞쪽

② **뒤**(posterior) : 신체 뒤쪽

③ **위**(superior) : 구조의 위쪽

④ **아래**(inferior) : 구조의 아래쪽

⑤ **안, 내측**(medial) : 중심선과 가까워지는 방향

⑥ **가, 외측**(lateral) : 중심선과 멀어지는 방향

⑦ **몸쪽, 근위**(proximal) : 몸통과 가까운 방향

⑧ **먼쪽, 원위**(distal) : 몸통에서 멀어짐

⑨ **얕은**(superficial) : 신체 표면

⑩ **깊은**(deep) : 신체 깊은 면

2 골격계(Skeletal Anatomy)

1) 뼈의 구조

유아기 때 약 350여 개의 뼈로 이루어 졌지만 봉합, 퇴화를 거쳐 성년이 되면서 206개로 줄어든다. 이 뼈들은 서로 연결되어 하나의 계통(System)을 이루고 있어 골격계라고 한다. 일반적으로 각각을 뼈(Bone)라고 한다. 그 골들이 모여 기능적 단위를 형성하고 있는 형태를 골격(Skeleton)이라고 한다. 골격은 체중의 20% 정도 차지하고 뼈(Bone), 연골(Cartilage), 관절(Joint) 및 인대(Ligament)를 총칭한다. 골격은 크게 주축골격(Axial Skeleton)과 부속골격(Appendicular Skeleton)으로 구분된다. 주축(Axial Skeleton)은 신체의 중심으로, 머리뼈(Crantal Bones), 척추(Vertebrae), 흉곽(Thorax)이 있으며, 80개의 뼈로 구성되어 있다. 사지부(Appendicular Skeleton)는 신체의 사지를 구성하며, 상지대(Shoulder Girdle), 상지(Upper Extremity), 골반대(Pelvic Girdle), 그리고 하지(Lower Extremity)로 구성되어 있으며 모두 126개의 뼈가 있다.

| 표 1 | 골격의 종류

골격	구분	뼈	개수
골격(성인) 206개	주축골격-80개 (Axial Skeleton)	머리뼈(Skull)	22개
		목뿔뼈(Hyoid Bone)	1개
		귓속뼈(Ear Ossicles)	6개
		등골뼈(Vertebral Column)	26개
		복장뼈(Sterum)	1개
		갈비뼈(Rib)	24개
	부속골격-126개 (Appendicular Skeleton)	상지뼈(Upper Limb)	64개
		하지뼈(Lower Limb)	62개

2) 뼈의 역할

유기질(대부분 콜라겐) 35%, 무기질(칼슘, 인) 45%, 물 20%로 구성되어 있다. 인체의 조직 중 가장 딱딱하므로 물의 함량이 가장 낮은 조직이다.

① **몸의 형태를 결정** : 뼈의 길이는 골단판(연골)의 분열과 증식에 의해 키의 성장을 좌우한다.

② **내부 기관을 보호** : 심장과 폐 등을 가슴뼈가 보호한다.

③ **운동의 역할** : 근육과 부착되어 지렛대 역할을 하며, 근육의 수축이완을 도와 움직임을 가능하게 한다.

④ **저장 역할** : 칼슘, 인 등의 무기질을 저장하여 체내에 공급 역할을 한다.

⑤ **조혈 작용** : 뼈 중심 부위의 빈 공간은 골수강(Marrow Cavity)이라 하는데, 이곳에는 골수(Bone Marrow)가 들어 있어 피를 만들어내는 조혈작용(Hemopoiesis)을 하고, 적혈구(Red Blood), 백혈구(White Blood Cell), 혈소판(Platelet)과 같은 혈액 세포를 생산한다.

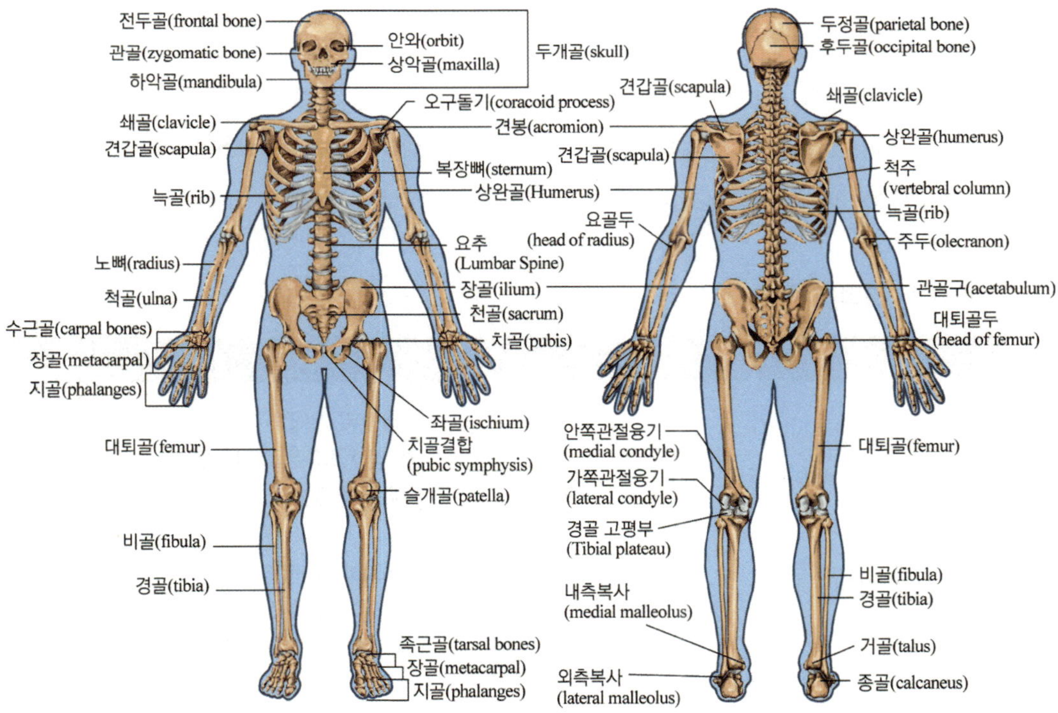

• 그림 2 • 골격 앞뒤면

3 관절(Joint)

관절이란 두 개의 뼈가 만나는 지점을 말하는 것으로 손가락이나 팔다리에 자유자재로 움직임이 일어날 수 있게 한다. 운동성 여부에 따라 크게 가동관절과 부동관절로 나뉜다. 가동관절은 신체의 운동 및 움직임을 주관하는 것으로 무릎과 어깨같은 부위에 작용을 돕는다. 뼈와 뼈 사이가 직접 붙어 있지 않고 사이에 부드러운 관절액 또는 관절막이 채워져 있어 자유롭게 굽히고 펼 수 있게 한다. 반면, 부동관절은 머리뼈의 봉합 부분이나, 턱뼈 사이처럼 뼈와 뼈 사이가 강한 접착력을 가진 연골로 이어져 움직일 수 없는 부분을 말한다.

1) 관절의 종류(Joint Classification)

인체의 관절은 크게 윤활관절(Synovial Joints), 섬유관절(Fibrous Joint), 관절연골(Articular Cartilage) 3가지로 분류할 수 있다. 연결되는 방식에 따라 가동관절(Movable Articulation)과 부가동관절(Immovable Articulation)로 나뉜다.

| 표 2 | 관절의 종류

종류	기능	운동성	예시
윤활관절 (Synovial Joints)	가동관절	자유롭게 움직임	어깨위 위팔어깨관절 팔꿈치의 위팔자관절 무릎의 정강넙다리관절
섬유관절 (Fibrous Joint)	부가동관절	안 움직임	머리뼈의 봉합 아래다리의 정강종아리뼈 인대결합 치아의 못박이 관절
관절연골 (Articular Cartilage)	반가동관절	약간 움직임	등골뼈사이 관절 가슴우리의 갈비연골 이음부 골반의 두덩뼈 결합

(1) 윤활관절(Synovial Joints)

인체의 대부분은 운동성이 있는 가동관절로 이루어져 있는데, 관절의 유동성에 필요한 활액낭(Synovial Bursa)이 관절 주머니에 들어 있어서 윤활관절(Synovial Joint)이라고 부르기도 한다.

윤활관절에서 양쪽의 뼈는 관절연골로 덮여 있고 그 둘레는 관절 주머니로 싸여 있으며 관절 사이사이 공간(관절안)은 윤활액으로 차 있다. 관절 주머니의 바깥층은 결합조직인 인대로 보강되며, 관절 주머니 안층과 뼈 등 관절 내 구조물이 윤활막으로 덮여 있다. 윤활막은 융털을 형성하여 윤활막과 관절면 사이에 유착이 생기는 것을 막고 윤활액을 형성하여, 관절연골면 사이의 마찰계수를 낮게 유지한다. 윤활막은 1~3mm 두께이며 내막과 심막으로 이루어진다. 윤활액은 윤활막에서 생성되고 관절 안으로 분비된다. 혈장과 윤활막 세포 산물의 여과에 의해 만들어지며 연골 표면의 윤활을 담당하고 낮은 마찰 특성을 유지하는 중요한 역할과 연골에 영양소를 전달하는 매개체 역할을 한다. 윤활액은 95%가 수분이며, 혈장과는 달리 윤활액의 점성을 결정짓는 인자인 히알루론산(Hyaluronic Acid)과 루브리신(Lubricin)을 가지고 있다. 윤활액 단백질의 교체는 약 1시간마다 이루어지고 윤활액의 히알루론산(Hyaluronic Acid)의 교체는 이보다 더 긴것으로 알려져 있다. 관절 주머니는 촘촘히 정렬된 교원질 섬유들로 이루어지고 일부는 건이나 인대에 의해 강화된다.

| 표 3 | 윤활관절의 종류

종류	정의	예시
평면관절 (Gliding Joint)	관절면이 평편하거나 약간 굽은 것으로 미끄러짐 운동만 일어나는 관절	손목뼈, 발목뼈 사이 어깨봉우리 빗장관절
타원/융기관절 (Elipsoidal / Condylar Joint)	두 관절면이 타원형의 오목하고 볼록한 면을 갖는 관절	노손목관절
경첩관절 (Hinge Joint)	한 방향으로만 굽힘과 폄 운동을 하는 관절	팔굽관절
안장관절 (Saddle joint)	말 안장과 같은 모양으로 넓은 범위 운동관절	엄지의 손목손허리관절
중쇠관절 (Pivot Joint)	중심축에서 한 방향으로만 운동하는 바퀴 모양의 관절(돌림)	고리중쇠관절 몸쪽노자관절
절구관절 (Ball & Socket Joint)	한쪽 관절면은 절구같고 다른쪽은 공 모양으로 공이 움직이듯 모든 종류의 운동이 일어나는 관절	위팔어깨관절 엉덩관절 복장빗장관절

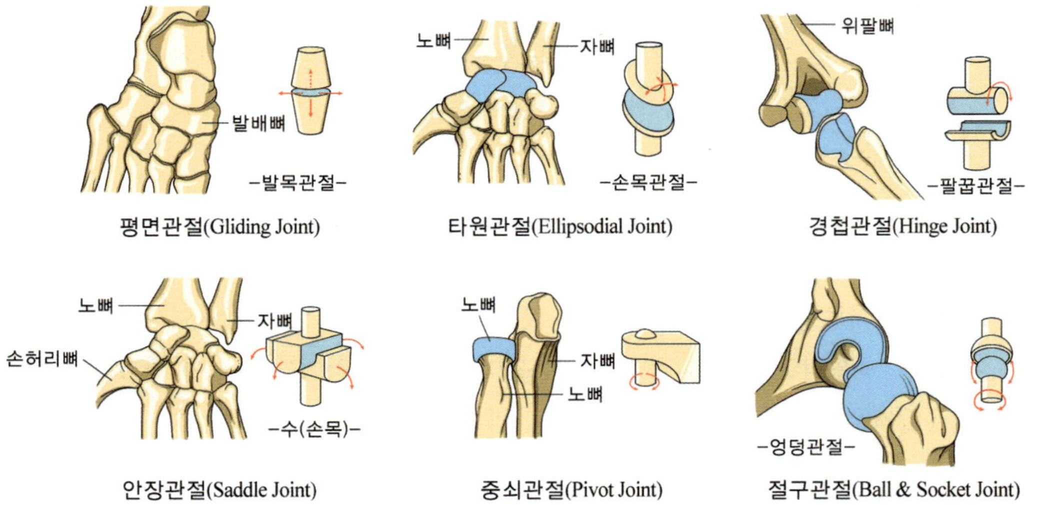

• 그림 3 • 윤활관절의 종류

(2) 섬유관절(Fibrous Joint)

섬유성 결합조직이나 인대로 뼈 사이에 견고하게 연결된 관절로, 관절 공간이 적고 양쪽뼈를 단단하게 붙잡고 있다. 머리뼈의 봉합(두개봉합)과 같은 섬유조직으로 결합하거나, 두 뼈가 섬유조직으로 연결된 인대결합, 또는 치아 뿌리와 이틀돌기와 같은 치아확관절 등으로 관절 움직임이 불가능하거나, 약간 움직임이 있는 관절이다.

| 표 4 | 섬유관절의 종류

종류	정의	예시
봉합(Suture)	두 뼈가 자라서 사이에 아주 얇은 뼈막을 형성하고 있는 곳	머리뼈 봉합
못박이 관절 (Gomphosis)	원뿔모양의 뼈가 움푹 들어간 곳에 박혀 있는 곳	위턱뼈와 아래턱뼈에 있는 치아 뿌리
인대결합 (Syndesmosis)	뼈 사이에 인대로 연결되어 있어 약간의 움직임이 일어난 곳	부리빗장관절, 노자관절, 정강종아리관절

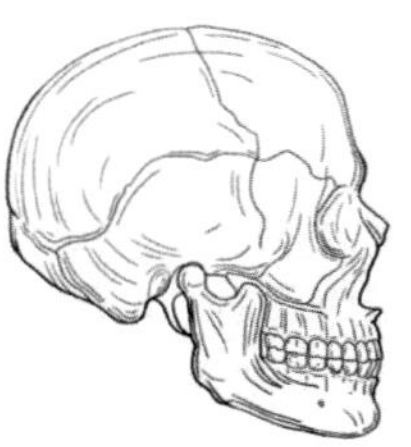

두개골

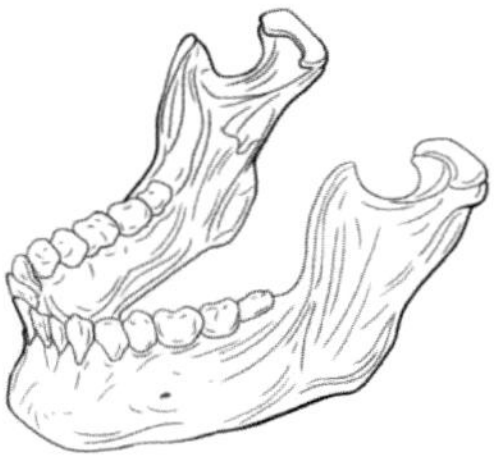

하악골

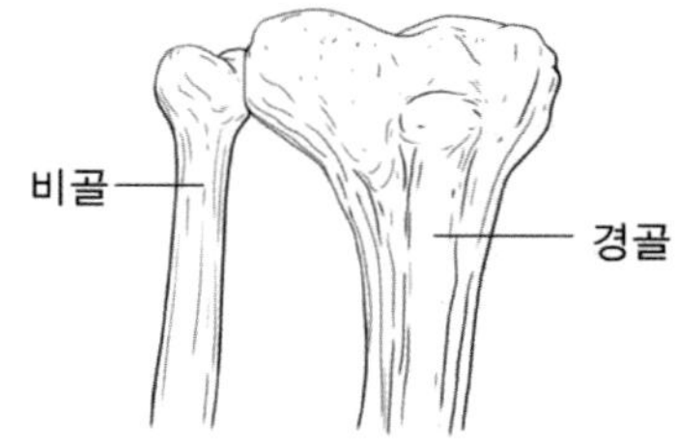

비골과 경골

• 그림 4 • 섬유관절의 종류

(3) 연골관절(Cartilage Joint)

연골을 사이에 두고 두 뼈가 결합되는 관절로써 섬유 관절보다는 움직임이 약간 더 있으며 걷고, 달리고, 뛰고, 물건을 들어 올릴 때 주어지는 부하를 흡수한다.

| 표 5 | 연골관절의 종류

종류	정의	예시
유리연골결합 (Synchondrosis)	뼈로 변할 연골로 결합되어 있는 곳	복장뼈와 갈비뼈 연결
섬유연골결합 (Fibrocartilaginous or Symphysis)	뼈 사이에 섬유연골이 있는 형태로 관절 운동은 디스크의 모양이 변할때만 일어남	치골결합, 척추 사이 원반

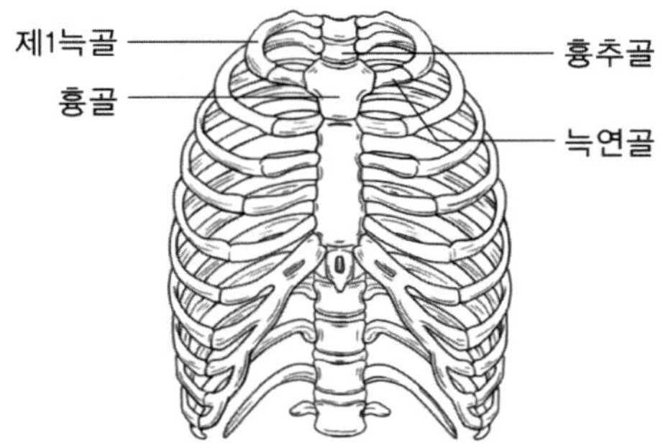

늑연골

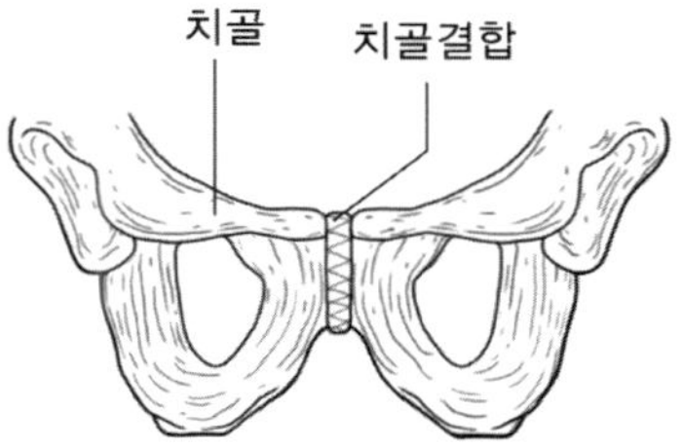

치골결합

• 그림 5 • 연골관절의 종류

2) 관절 운동 용어(Joint Movement)

(1) 각운동(Angular Movement)

① **굽힘**(굴곡, Flexion) : 관절에서 연결된 부분이 가까워지도록 관절 각도를 줄이는 움직임

② **폄**(신전, Extension) : 굽힘의 반대 작용으로 관절각도가 증가되도록 움직임

③ **가쪽굽힘**(측굴, Lateral Flexion) : 한쪽으로 구부리거나 휘게 움직임

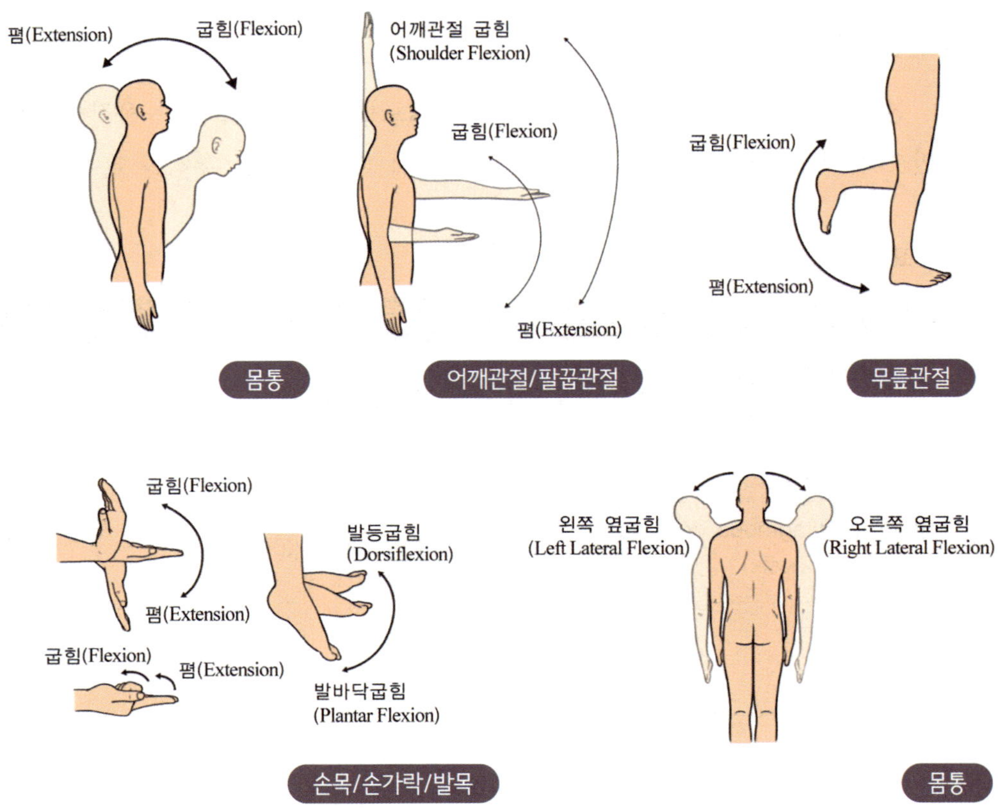

④ **벌림**(외전, Abduction) : 신체의 일부가 정중면으로부터 벗어나는 방향(가쪽방향)으로 움직임

⑤ **모음**(내전, Adduction) : 신체의 일부가 몸의 중앙면으로 향하는 움직임

⑥ **휘돌림**(회선, Circumduction) : 관절을 향해 있는 뼈의 축을 회전시키는 움직임

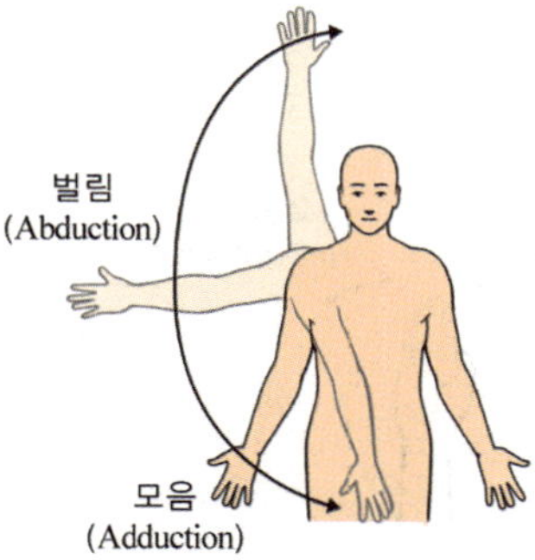

어깨관절

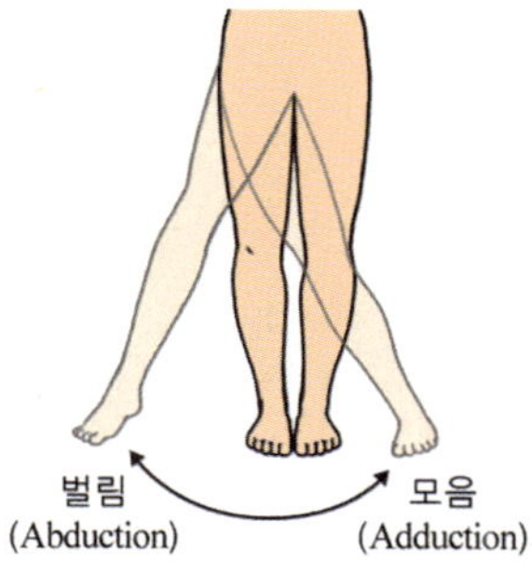

엉덩관절

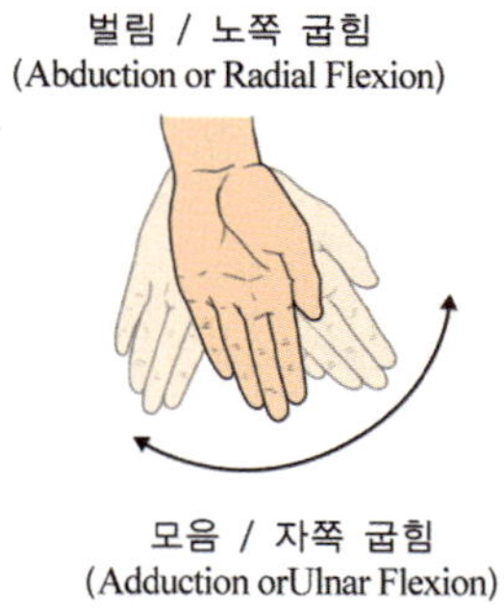

손목

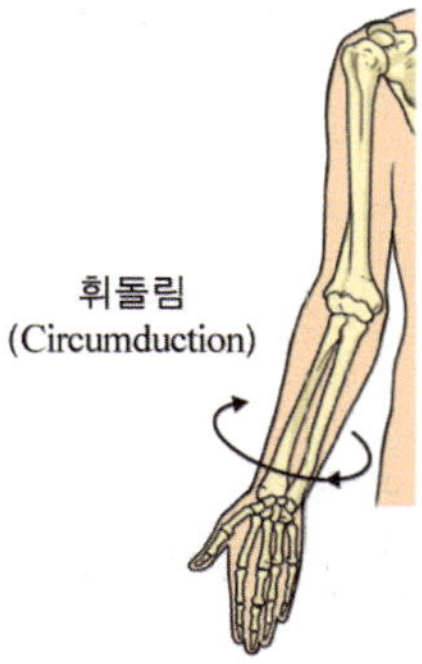

어깨관절

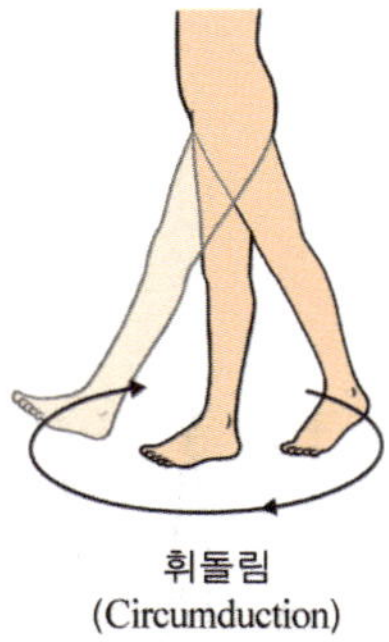

엉덩관절

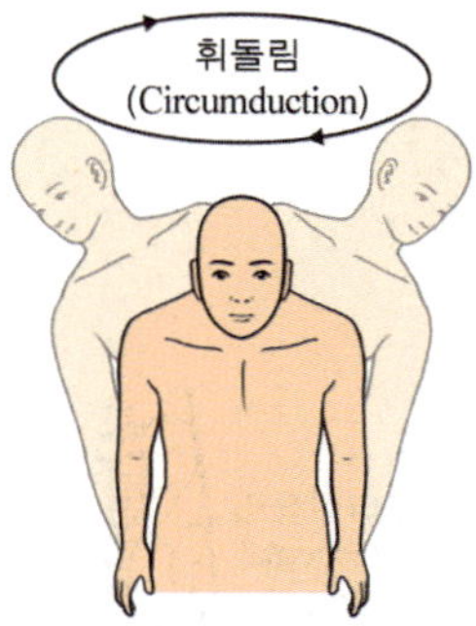

몸통

(2) 돌림운동(Rotation Movement)

① **돌림**(회전, Rotation) : 신체의 일부가 자신의 축 주위로 몸을 움직임(방향전환)

② **안쪽돌림**(내회전, Internal Rotation) : 사지가 중심선을 향해 도는 움직임

③ **바깥돌림**(외회전, External Rotation) : 사지가 중심선과 멀어지게 도는 움직임

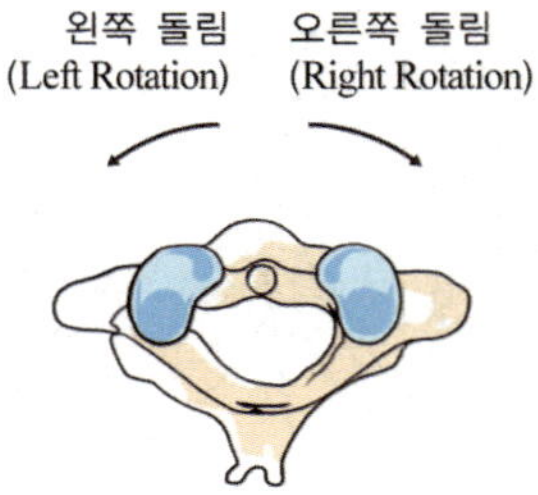

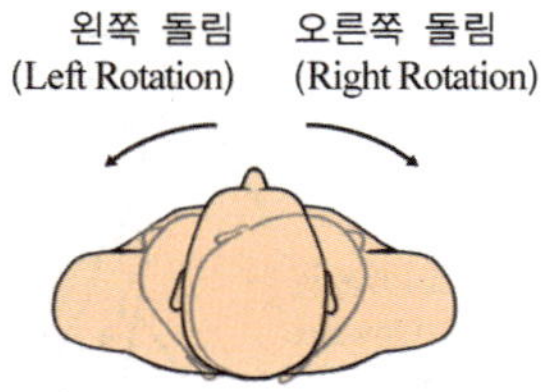

척추

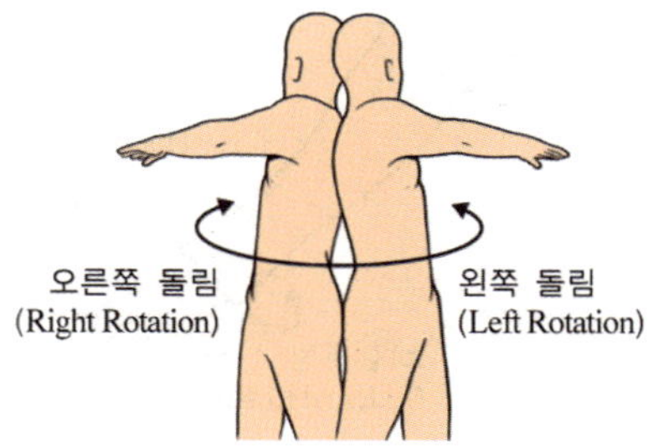

몸통

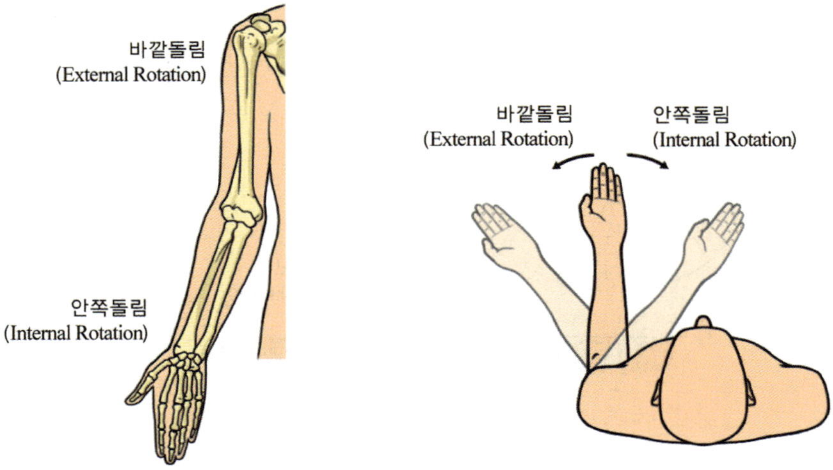

어깨관절

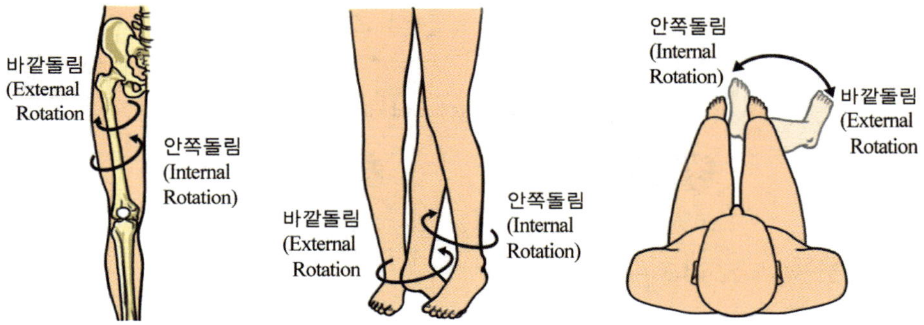

엉덩관절

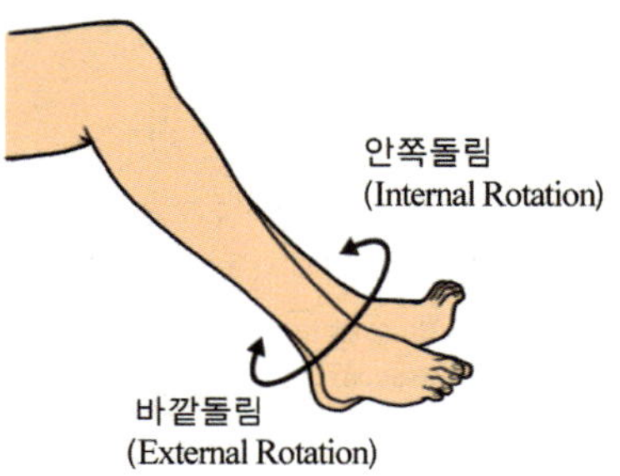

무릎관절

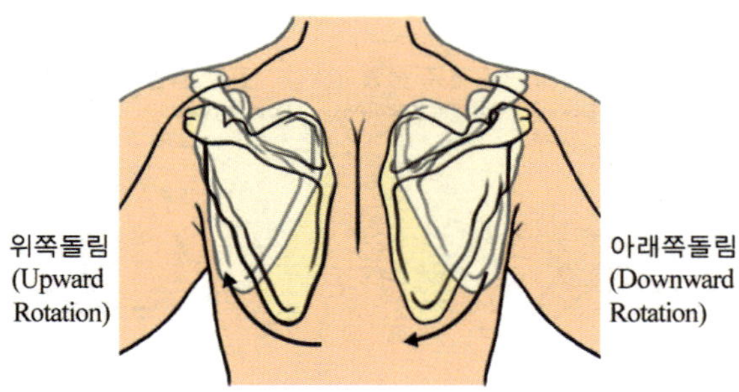

어깨뼈

(3) 특수운동(Special Movement)

① **안쪽번짐**(내번, Inversion) : 발바닥이 안쪽을 향하게 움직임

② **가쪽번짐**(외번, Eversion) : 발바닥이 가쪽을 향하게 움직임

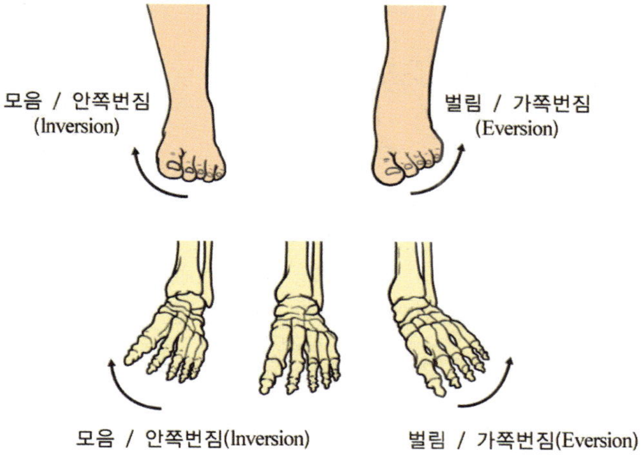

발목

③ **발등굽힘**(배측굴곡, Dorsiflexion) : 발을 발등쪽으로 움직임

④ **발바닥굽힘**(저측굴곡, Plantar Flexion) : 발을 바닥쪽으로 움직임

⑤ **엎침**(회내, Pronation) : 손바닥이 밖으로 보이게 아래팔을 움직임

⑥ **뒤침**(회외, Supination) : 손바닥이 위로 보이게 아래팔을 움직임

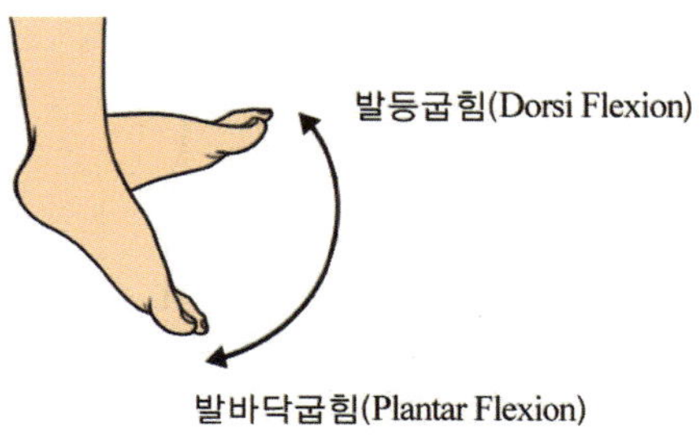

발등

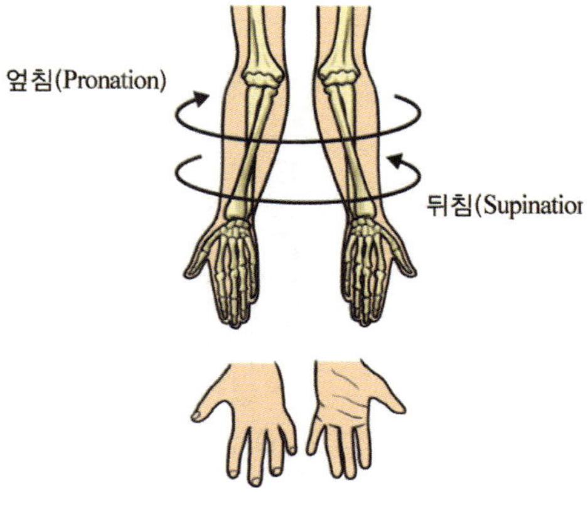

아래팔

⑦ **올림**(거상, Elevation) : 신체의 일부분을 들어 올리는 움직임

⑧ **내림**(하강, Depression) : 올림의 반대운동

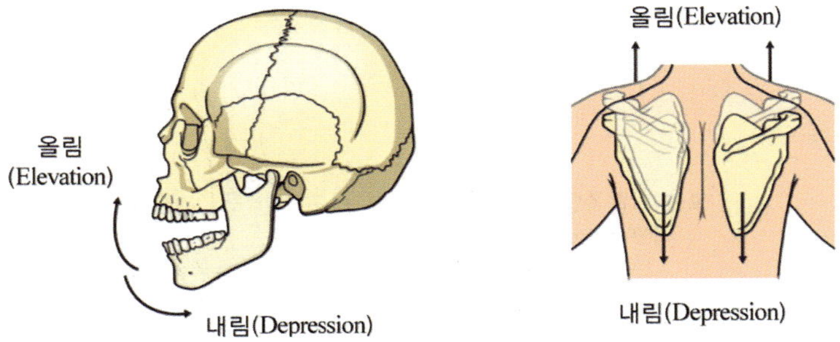

턱관절 / 어깨뼈

⑨ **내밈**(전인, Protraction) : 평면에서 몸의 일부를 앞쪽으로 움직임

⑩ **들임**(후인, Retraction) : 내밈의 반대로 뒤로 당기는 움직임

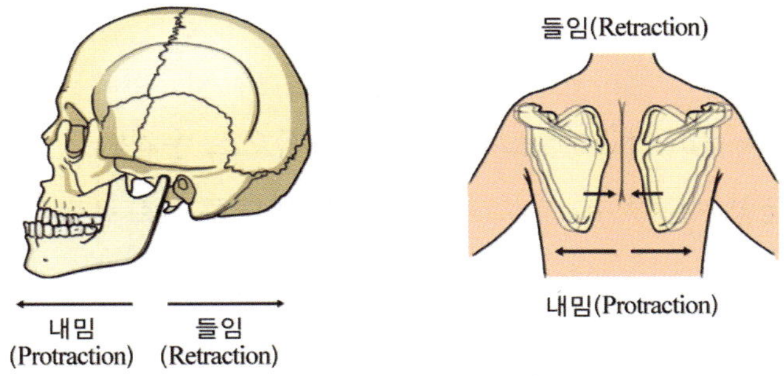

턱관절 / 어깨뼈

⑪ **맞섬**(대립, Opposition) : 엄지손가락으로 다른 손가락의 끝을 만짐

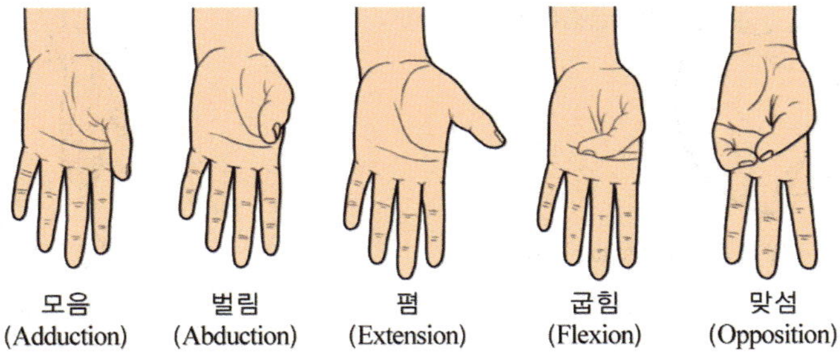

엄지

⑫ **앞 기울임**(전방경사, Anterior Tilt) : 엉덩관절이 중립에서 앞쪽으로 굽힘

⑬ **뒤 기울임**(후방경사, Posterior Tilt) : 엉덩관절이 중립에서 뒤쪽으로 폄

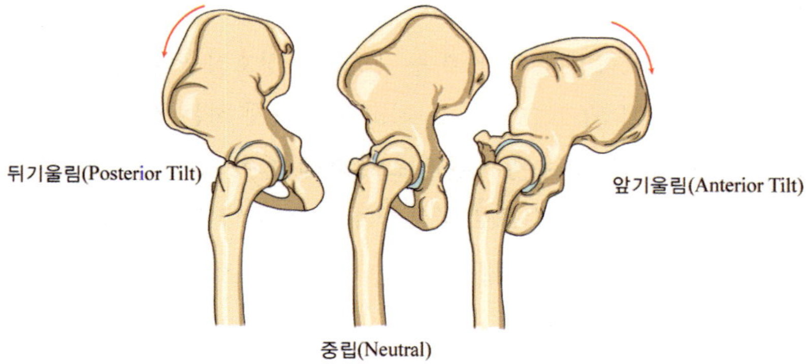

4 근육계(Muscle System)

1) 골격근의 해부학(Anatomy of Skeletal Muscle Tissue)

인간의 움직임은 다양한 인간 부속 구조물의 상호작용과 판단에 따른 생각의 결과를 두뇌에서 내리게 되고 그 지시를 하고 전달하게 하는 신경에 의해 움직임을 만드는 것이 근육이 된다. 근육은 기본적으로 뼈에 붙어 움직임을 만들어 내거나 장기의 모양으로 인체 생리적 부속물로 존재한다. 근육은 전체 체중의 40~50%를 차지하고 남성이 그 비율이 높으며 인체 내에 큰 부피를 차지한다.

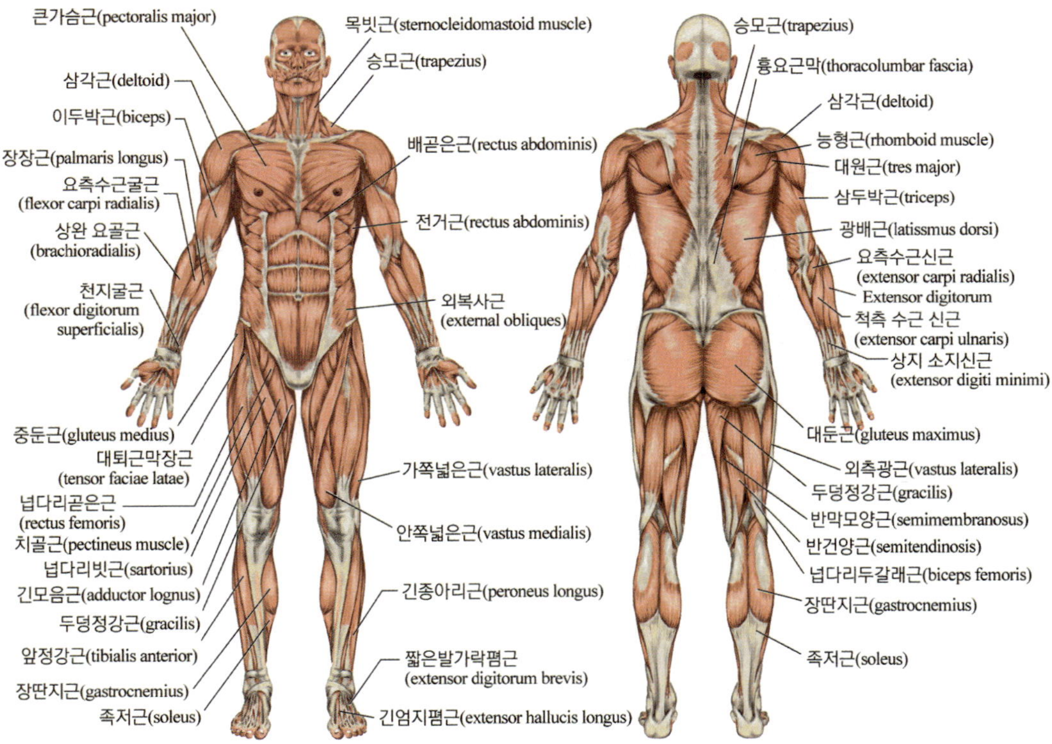

• 그림 6 • 인체 근육모식도

(1) 근육의 구성

근육의 최소 구성 단위인 근육섬유(Muscle Fiber)는 근육섬유막에 의해 둘러싸이고 이것들이 모인 섬유 다발은 다시 근육다발막(Perimysium)에 둘러싸여 하나의 속을 이루며 속은 다시 다발을 형성해서 근육이 된다. 근육은 다시 주로 섬유성인 근육 바깥막(Epimysium)에 의해 둘러싸인다.

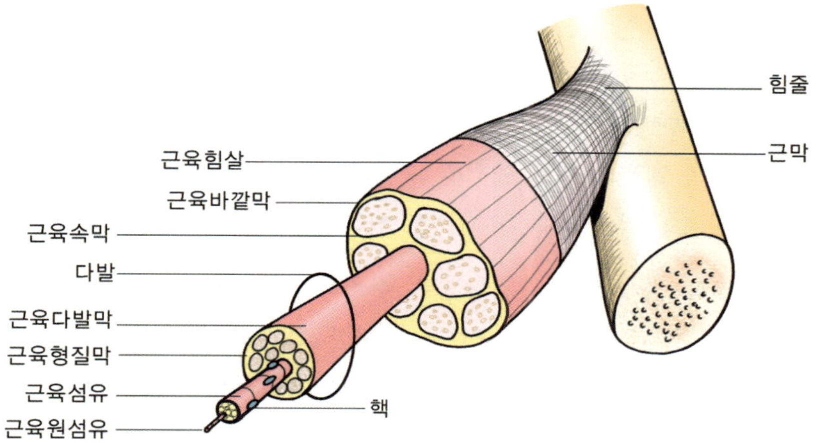

• 그림 7 • 근육의 구성

(2) 근육의 부속기관

근육 바깥막에 큰 혈관과 신경이 분포하고 모세혈관과 신경섬유 끝은 각각의 근섬유와 신경 경로를 따라 근육 섬유막 안에 싸여 있다. 그리고 근육섬유막은 근육에 연결된 힘줄부터 뼈까지 근육 전체를 감싸고 있다. 근육과 뼈는 힘줄(Tendon)로 연결되어 있으며, 힘줄 사이의 근육 부분은 근육힘살(Muscle Belly) 또는 근육배라고 한다.

(3) 근섬유의 구조

근육섬유는 가로무늬근형질막(Sarcolemma)으로 싸여 있고, 섬유 속 주위의 근육세포의 세포질에는 근육세포질(Sarcoplasm)이라고 불리는 젤라틴 물질로 채워져 있다. 근육섬유 내에서 중요한 구조는 여러 개의 핵과 특수한 수축성 단백질의 근육원섬유(Myofibrils)가 있다. 근육원섬유는 뼈대 근육조직에서 곧은 모양이며, 두 종류의 줄무늬인 잔섬유를 가지고 있다.

근육원섬유의 구성은 가는근육잔섬유(Thin Filaments)인 액틴(Actin)과 굵은 근육잔섬유(Thick Filaments)인 마이오신(Myosin)으로 서로 겹쳐져 있어 근육원섬유마디(Sarcomere)라고 불리는 근육섬유의 기능적 단위의 경계이다. 근육원섬유마디는 근수축을 만들어 근육원섬유마디를 짧게 만들기 때문에 근육섬유의 기능적 단위로 간주된다.

2) 근조직의 종류(Type of Muscle Tissue)

(1) 기능적 분류

① 수의근(Voluntary Muscle)

수의근은 내 마음대로 움직일 수 있는 근육의 분류 중 하나이며 자세 유지, 열 생산, 신체의 각종 움직임 기능을 한다.

- **자세유지** : 부분적인 근육을 계속 수축시킴으로써 서거나 앉거나 그 이외에 신체의 각종 자세와 운동의 모형을 형성할 수 있다.
- **열 생산** : 근세포들은 대사작용을 통해서 만들어진 에너지의 60%가 열에너지로 사용된다. 이는 체열생산의 큰 몫을 차지하고 있다.
- **신체의 운동** : 수의근은 움직임만 주는 것이 아니라 얼굴근육의 감정표현, 호흡운동을 일으킨다.

② 불수의근(Involuntary Muscle)

내맘대로 움직일수 없는 근육으로, 인체의 대사작용에 맞추고, 항상성을 유지하기 위한 과정을 돕는 근육이다.

- **물질의 촉진** : 내장기 근육들은 그 기관 속의 물질을 이동시킨다. 소화관 내의 음식물이 내장근의 수축에 의해 앞으로 촉진되며 혈관내의 혈액이 흐르는 일 등에서 볼 수 있다.
- **물질의 배출** : 신장이나 방광의 배뇨, 직장에서 배변활동 등 물질을 배출한다.
- **입구 크기의 조절** : 눈의 동공 조절, 항문의 조임근에서처럼 필요에 따라 출입구의 크기를 조절해서 물질의 출입에 적합하도록 한다.

(2) 조직적 분류

일반적인 세포는 둥근 형태이나 근세포는 긴 구조로 원형질 안에 많은 원섬유를 포함하고 있어 이를 근섬유라고 한다. 이 근섬유는 신경자극에 반응할 수 있는 특수한 성질을 지닌 구조물이다. 그 구조와 섬유 배열에 따라 골격근(Skeletal Muscle), 심장근(Cardiac Muscle), 내장근(Visceral Muscle) 등으로 분류된다.

① **민무늬근**(Smooth Muscle)

민무늬근은 심장을 제외한 체내 모든 장기의 벽을 형성하고 있는 근육이다. 따라서 내장근이라고도 한다. 뼈대근육과 달리 근섬유에 가로줄무늬가 없다. 민무늬근은 자율신경의 지배를 받는 불수의근(Involuntary Muscle)으로서 뇌 안에 있는 내장운동중추(Visceral Motor Center)의 지배하에 있다. 대부분 소화내장기뿐만 아니라 대부분의 장기벽으로 일부의 조임근(Sphincter Muscle)을 포함하며 수축과 이완의 연동운동(Peristaltic Movement)을 한다. 민무늬근은 골격근 보다 오래 수축할 수 있는 능력을 가지고 있어 최상의 상태를 유지하는데 중요한 역할을 한다. 이는 유연성이 뛰어나 음식물이 증가 시 원래 크기보다 많이 팽창되며, 음식물이 없을때는 축소시키는 기능을 한다. 혈관 또한 민무늬근육으로 이루어져 있어 자율신경의 영향을 받을 시 다양한 변화를 받아들인다.

② **심장근**(Cardiac Muscle)

심장의 벽에서만 볼 수 있는 근육으로서 그 구조나 성질이 골격근과 내장근의 중간쯤이라고 볼 수 있다. 형태상 골격근과 같은 가로무늬근이나 선명하지는 않다. 민무늬근육과 같이 자율신경지배를 받는 불수의근이다. 심장근은 수축 이완이 평생에 걸쳐 진행되며 이 수축은 분당 75회 정도이다.

③ **골격근**(Skeletal Muscle)

골격근은 체중의 반을 차지하고 있으며 인체 내에는 골격근 수가 약 200쌍이다. 이중 실지로 신체운동과 자세에 관여하는 근육은 75쌍 정도이며 나머지는 안면표정, 발성, 연하작용 등의 역할을 한다. 골격근은 자율신경이 아닌 중추신경의 영향을 받는 수의근으로, 뇌의 지시에 따른 운동성을 가진다. 때로는 위험에 대비해 반사적 수축이 일어나기도 하고, 동작반복이나 특수 훈련을 받으면 의식 없이도 움직일 수 있다.

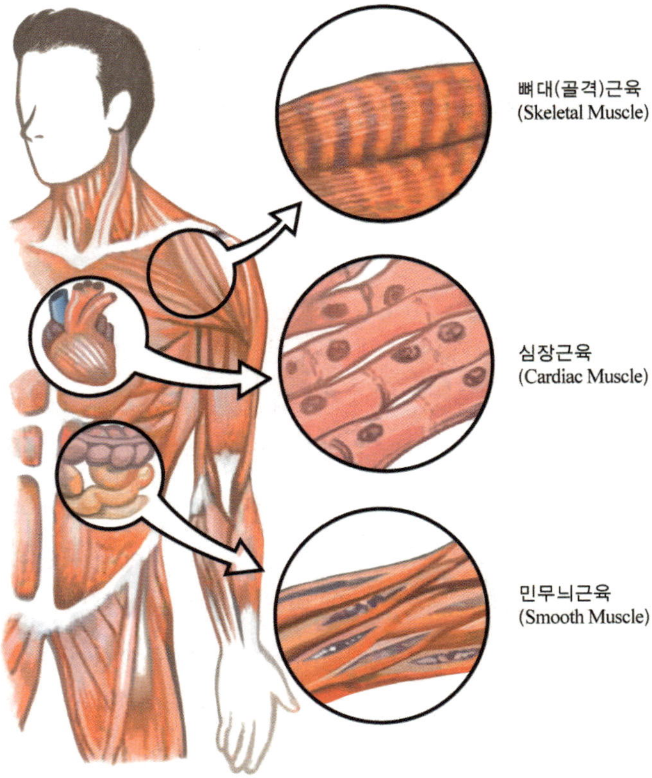

• 그림 8 • 근육의 조직적 분류

memo

CHAPTER 2

체형 변화

1 비만(Obesity)

체형의 변화로 피부관리사에게 찾아오는 고객의 대부분은 비만고객이다. 비만은 체지방의 양이 정상치보다 많은 상태를 말한다. 이를 치료가 필요한 질병으로 보는 경향이 나타나고 있다. 왜냐하면 외모상의 문제뿐만 아니라 당뇨, 호흡곤란, 저산소증, 지방간, 간기능 이상, 담석증, 고혈압, 심장질환, 신장질환, 피부질환, 관절의 압박과 불임의 원인, 사망률 증가의 결정적 요소가 되기 때문이다.

비만은 선천적으로 유전일 경우와 후천적으로 식습관이 불균형할 경우 초래된다. 섭취량의 증가와 운동량의 감소를 통해 체내소비열량이 감소하게 되고 체지방은 과다하게 축적이 된다. 이는 지방 세포의 크기가 비대해지고 지방세포수가 증가하게 된다.

| 표 6 | 체중 과다 기준

분류	체지방	
	남	여
정상	15 ~ 18%	20 ~ 25%
경계	19 ~ 25%	26 ~ 30%
비만	25% 〈	30% 〈

2 지방(Fat)

1) 피하지방(Subcutaneous Fat)

일반적으로 살이 쪘다고 할 때 언급하는 것이 피하지방이다. 피하지방은 지방세포로 구성된 단위인 지방세포소엽과 신경과 혈관 및 림프관 등을 포함하는 섬유성 중격으로 구성되어 진피층과 긴밀한 관계로 연관된다. 이는 열손실을 방지하고 충격을 흡수하여 몸을 보호하는 역할과 더불어 영양저장소로서의 기능을 가진다.

2) 내장지방(Intra abdominal Fat)

복부 내 장기에 존재하는 지방으로 피하지방과는 달리 여성보다 남성에서 내장지방의 비율이 높은 편이다. 내장지방이 많으면 대사질환(당뇨병, 고혈압, 심혈관계 질환 등)에 걸릴 위험이 증가한다. 피하지방은 인체의 중심으로부터 멀리 떨어져 있어서 미세혈관에 의해 산소가 전달되는 데 비해, 내장지방은 비교적 큰 혈관과 연결되어 있어 지방의 유동성이 높다.

3 셀룰라이트(Cellulite)

셀룰라이트는 단순 지방이나 군살이 아니며 주로 아랫배, 엉덩이, 허벅지, 팔, 등 신체 피부의 가장 바깥 부분에 함유되어 있는 물질로 피부표면에 오렌지 껍질 모양으로 울퉁불퉁한 둥근 덩어리의 지방과 체내의 노폐물이 혼합된 스폰지 같은 형태로 나타난다. 셀룰라이트는 다음과 같은 특징을 가진다.

- 꼬집었을때 통증이 심하다.
- 셀룰라이트는 운동으로도 결코 감소되지 않는다.
- 날씬한 사람이나, 어린이, 노인에 상관없이 나타난다.

1) 셀룰라이트 원인

편식이나 동물성 지방, 당분 등을 과잉 섭취했을 경우, 임신기간 중, 피임약 복용 중, 폐경 무렵, 사춘기 등 여성 호르몬이 불균형하게 될 때 체액의 적체 때문에 생길 수 있다. 남성과는 다른 여성의 피하지방 조직 구조가 원인이 될 수 있다. 혈액과 림프순환이 원활하지 못하면 발생되며 꽉끼는 옷이나 하이힐을 많이 신을 경우 나타날 수 있다.

2) 셀룰라이트와 피하지방의 차이

| 표 7 | 셀룰라이트와 피하지방의 차이

구분	셀룰라이트	피하지방
정의	지방과 노폐물, 물이 혼합된 결정 형태의 지방	단순 지방의 축적으로 지방세포가 많은 지방
생성 부위	셀룰라이트는 주로 아랫배, 엉덩이, 허벅지, 무릎안쪽 팔의 윗부분 등 큰 림프절에 가까운 쪽에 생성	신체 일부 및 전반적으로 나타남
피부 상태	오렌지 껍질 같이 울퉁불퉁	매끄러움
발생 시기	호르몬 변화시(사춘기, 임신, 폐경, 피임약 복용)	특정 발생시기 없이 언제나 가능
발생 원인	여성 호르몬 과잉 분비, 물리적 자극, 혈액순환계 압박 및 섬유조직 경직	지방질의 과잉 섭취 및 리파아제 활동 미비 시
감각	말초신경의 압력을 주어 통증이 있음, 차가움	통증 없음

3) 셀룰라이트 발전 단계

① 정상상태

혈관을 둘러싼 지방세포가 정상을 유지하는 상태

② 1단계 : 정맥 울혈

지방세포가 비만해지고 형태가 바뀌고 수분과 지방이 뭉쳐져 세포 외 조직의 울혈과 지방세포의 분리가 일어난다. 그로 인해 혈관벽(정맥)이 눌리고 좁아져 혈액순환 및 림프순환 장애가 시작된다.

③ 2단계 : 지방세포의 변형

지방세포의 비대화와 섬유질이 이동하여 촘촘한 셀룰라이트 지방세포가 더욱 커지고 비만해진다. 혈관벽이 더욱 좁아져 혈액 및 림프순환에 장애가 생겨 노폐물이 세포 외 조직에 쌓여 콜라겐 섬유질이 혈관과 각각의 지방세포에 응집된다.

④ 3단계 : 소결절 형성

물렁물렁한 셀룰라이트 단계로 부종으로 더욱 비만해지고 섬유질이 밖에 들러붙어 하나의 단단한 덩어리인 소결절이 형성된다. 지방세포는 외부와의 교통이 차단되고 정맥이나 림프를 통한 배출이 차단된다.

⑤ 4단계 : 대결절 형성

차가운 셀룰라이트로 작은 소결절이 섬유질에 둘러싸여 대결절이 형성된다. 대결절이 형성되면 진피층으로 밀려 올라와 오렌지 피부처럼 울퉁불퉁하고 만지면 차갑고 아프다.

4) 셀룰라이트 관리방법

- 음식조절(영양)
- 체내의 노폐물 제거
- 림프마사지
- 온도요법
- 충분한 미네랄 공급
- 해초요법

4 비만의 분류

1) 지방조직 형태에 따른 분류

① 지방세포 증식형 비만(Hypercellular Obesity)

지방세포 수의 증가가 비만의 주원인으로 정상보다 3~5배 증가된 경우로 대부분 소아 비만과 정상 체중의 175% 이상의 고도 비만의 성인에게서 나타난다. 체중 감량 시에도 증식한 지방 세포의 수는 줄어들지 않으므로 예방이 중요하다.

② 지방세포 비대형 비만(Hypertrophic Obesity)

지방세포가 비대해지는 경우로 대부분 성인비만에 해당한다. 고도 비만의 성인에게서는 지방세포 증식과 비대가 동시에 발현된다.

| 표 8 | 비만인의 체중 감소에 따른 지방조직 세포상태의 변화

체중	149kg	103kg	75kg
지방세포의 크기	0.9mg/세포	0.6mg/세포	0.2mg/세포
지방세포수	750억	750억	750억

2) 지방조직 분포에 따른 분류

① 상체비만(Apple Type, 남성형 비만)

체지방이 상체에 집중되어 분포되어 있고 특히 복부에 집중적으로 축적된 복부 비만의 형태로 당뇨병이나 심장순환계질환의 발현율이 높다.

- **남성** : 엉덩이에 대한 허리둘레의 비가 0.95 이상
- **여성** : 엉덩이에 대한 허리둘레의 비가 0.85 이상

② 하체비만(Pear Type, 여성형 비만)

체지방이 주로 엉덩이 및 대퇴부에 집중적으로 축적되어 있으며 여성에게서 많이 나타나고 엉덩이에 대한 허리둘레의 비율이 0.75 이하이면 하체 비만에 속한다.

3) 지방체내 저장 분포 형태에 따른 분류

① **내장지방형**

복부 특히 복강내 장기주변에 지방의 과잉 축적된 경우로 당뇨병이나 고지혈증, 고혈압과 같은 심장순환계질환 등 성인병을 초래할 수 있다. 복부 전산화단층 촬영(CT)에서 내장지방과 피하지방의 면적비가 0.4 이상일 경우를 내장지방형이라고 한다.

② **피하지방형**

복벽에 피하지방으로 저장하는 경우를 말하며 복부 전산화단층 촬영(CT)에서 내장지방과 피하지방의 면적비가 0.4 미만일 경우를 피하지방형이라고 한다.

5 비만의 원인

1) 식이성 요인

섭취에너지에 비해 소비에너지가 적어서 체지방이 축적된 단순성 비만인 식이성 비만을 말한다.

예) 과식형, 폭식형, 야식형, 간식형, 편식형, 가공식 과식형, 음주과식형, 과일과식형, 육류과식형, 소맥분가공식 과식형

2) 생활습관적 요인

움직임을 싫어하고 근면하지 못한 생활 습관에서 초래되며, 문명의 발달로 인해 열량을 소비할 기회가 적다. TV나 컴퓨터의 발달로 여가시간의 활동량이 줄어들고 특별한 목적없이 소모되는 여가 시간을 고지방, 가공식의 음식 섭취로 소비하게 된다.

3) 유전적 요인

가족력(유전)과 함께 가족 구성간에 공유하는 환경, 생활 습관, 식사 유형 등에 의한 비만을 말하며 체내의 열량소 대사에 있어서 에너지 소비가 잘 되지 않고 갈색 지방 조직에서 열을 발생시키는 능력이 저하되어 섭취한 에너지가 체지방으로 저장된다. 부모가 비만일 때 자녀의 비만 확률은 다음과 같다.

- 부모가 모두 비만일 경우 : 70 ~ 80%
- 한쪽 부모만 비만일 경우 : 40%
- 어머니만 비만일 경우 : 60%
- 부모가 모두 비만이 아닌 경우 : 10%

4) 심리적 요인

단순한 과식이 아닌 심리적인 과식의 요인으로 인한 것으로 잠재의식 속에 자리잡고 있는 갈등, 열등감, 강박증, 애정 결핍, 소외감, 압박감 등에 의한 것일 수 있다. 스트레스를 받게 되면 시상하부의 섭취중추를 자극해서 포만중추를 억제시키므로 음식물을 많이 섭취하게 된다.

대표적인 심리적 요인으로 비만 아동과 어머니의 특징을 보면 자녀들의 행동에 대한 보상이나 애정표현을 주로 음식으로 해결, 또는 모든 것을 음식과 결부시키려는 경향이 있다.

5) 중추신경계 이상 및 내분비 요인

① 중추 신경계 이상 요인

식욕 조절 중추가 존재하는 뇌의 시상하부 질환으로 섭식 장애가 비만의 원인인 경우로서 시상하부의 손상이나 종양, 감염, 외상이 생기면 식욕 조절 이상으로 과식을 초래하게 된다.

② 내분비 요인

뇌하수체나 부신 피질의 종양, 스테로이드 호르몬의 장기 복용으로 인한 쿠싱증후군이 나타나며, 성장호르몬의 결핍이나 갑상선 기능 저하증, 여성들의 성호르몬 분비 변화에 의한 문제가 나타난다.

CHAPTER 3

몸매 분석하기

1 몸매 분석의 기본 이해

인간은 살아가면서 다양한 자세와 식습관, 그리고 반복적인 동작 및 생애의 다양한 변화를 겪으며 인체의 밸런스가 무너지게 된다. 이는 근육 통증뿐만 아니라 장기의 기능 저하, 자세 불균형에 의한 외적 변화, 전체나 부분적 비만 몸매로의 변화 등 잘못된 습관에 의한 몸매의 변화가 일어나게 된다. 또는 선천적이거나 유전적으로 불균형한 몸매를 가지고 태어났을 수도 있다. 어떤 원인이 되었든 간에 현재 몸의 문제점을 분석하고 질적 향상을 도모하여 내·외적 아름다움과 삶의 질적 상승을 도모하는 것이 몸매 분석의 기본이다.

2 몸매 분석 방법

몸매를 분석하는 것은 관리의 시간과 적절한 강도와 재료 및 몸매관리 테크닉을 선정하고 고객의 상태에 따른 관리의 효과를 판단함으로써 고객이 효율적으로 몸매를 관리하는데 도움이 되기 위해 필요하다. 그러므로 다양한 몸매 분석법이 필요하다.

① **문진** : 선천적인 몸매인지, 습관에 의한 몸매의 변화인지를 구분하고 변화의 이유를 파악하기 위해 문진을 실시한다.

② **시진** : 몸매 상하좌우의 변화를 눈으로 확인하여 어떤 근육의 문제가 생겼는지, 피부의 변화를 파악한다.

③ **촉진** : 비만의 원인이 부종, 셀룰라이트, 지방 등 어떤 요소에 의한 것인지를 파악한다.

④ **기기 판독법** : 부피 측정을 할 수 있으며 줄자, 체중계, 인바디를 이용하여 근육량과 지방, 두께, 길이의 정확한 측정을 통해 실제적인 기준치를 산출할 수 있다.

⑤ **비만평가지수** : BMI, 브로카지수 등 공식에 대입하여 계산하며 건강 위험도의 지표가 된다.

1) 문진(Case History)

고객이 가진 선천적 문제와 후천적 습관에 의한 문제를 구분하는 데는 과거와 현재의 상태를 청취하는 것이 매우 중요하다. 고객에 가진 몸매 관리 방법에 따라 관리 방법이 다를 수 있기 때문이다. 유전에 의한 선천적 몸매의 비대가 있다면 몸매관리만으로는 한계가 있을 수 있다. 후천적 몸매의 비대의 경우 습관을 고쳐나가면서 진행할 수 있기 때문에 정확한 질문을 통해 몸매 분석을 하면 시간을 단축시키고 관리 효과를 효율적으로 증대시킬 수 있다. 하지만 몸매 변화의 직업적, 환경적, 습관이 100% 개선되지 않는 한 관리의 유지가 좋지 않을 수 있다. 이러한 이유로 문진상에서 고객의 몸매 상태를 평가하여 앞으로 재발되지 않도록 하는 것을 예방하고 병력이 의심되는 경우는 필히 전문 의료기관을 통해 정확한 진단을 받도록 하는 것이 중요하다. 고객관리차트(Membership chart)의 문진 문항을 이용하면 분석 시에 더 효율적이다.

고객관리차트
(Membership chart)

성명 Name		성별	남 , 여 / Male , Female
주소 Address			
휴대전화 Mobile		집 전화 Telephone NO. Home	
생년월일 Date of birth	년 월 일		
직업 Work		E-mail	
결혼유무 Marital status	☐ Yes ☐ No		
방문경로 Visit Path	☐ 광고( ) ☐ 소개 ( ) ☐ 간판 ( )		

1. 오늘의 방문 목적은 무엇입니까?

☐ 혈액순환 ☐ 몸매밸런스 ☐ 몸매비만관리 ☐ 어깨결림관리
☐ 하체슬리밍 ☐ 상체슬리밍 ☐ 가슴탄력관리 ☐ 기타

2. 몸매관리 마사지를 받아 본 적이 있습니까?

☐ 아로마테라피 ☐ 스웨디시마사지 ☐ 타이마사지 ☐ 경락마사지
☐ 림프마사지 ☐ 고주파마사지 ☐ 아니오 ☐ 기타

3. 이외의 다른 몸매관리를 받아 본 적이 있습니까?

☐ 클렌징 ☐ 딥클렌징(스크럽) ☐ 스파입욕 ☐ 몸매팩 ☐ 아니오

4. 편안한 관리를 위한 고객 선호도 체크

① 테크닉 압력 : ☐ 상 ☐ 중 ☐ 하
② 온 도 : ☐ 상 ☐ 중 ☐ 하

5. 기계관리 경험 : ☐ 있다 ☐ 없다
기계 사용시 : ☐ 좋았다 ☐ 보통 ☐ 좋지 않다

〈일반적인 건강〉

1. 건강상태에 대해 체크해 주십시오.

☐ 수술경험 ( ) ☐ 복용약물 (한약 포함)
☐ 위장 ☐ 간장 ☐ 신장 ☐ 당뇨병 ☐ 심장병 ☐ 혈압 (고 / 저)
☐ 켈로이드 ☐ 아토피 (습성 / 건성) ☐ 입주변 소수포

2. 3주 이내에 어떤 병에 걸린 적이 있나요?(예 : 기침, 감기 또는 신장, 감염 등)
☐ 예 ☐ 아니오

3. 생활습관
☐ 식사횟수 (일/ 회) ☐ 물 섭취량 (일/ 컵) ☐ 수면 (일/ 시간)
☐ 배변(규칙 /불규칙 : 주/ 회)
☐ 흡연 ☐ 음주 (주/ 회) ☐ 운동(주/ 회) ☐ 스트레스 정도 (상 / 중 / 하)

4. 알러지 반응이 있습니까?
☐ 꽃가루 ☐ 털 ☐ 먼지 ☐ 금속 ☐ 온도차(열) ☐ 특정 향 ( ) ☐ 음 식 ( )
☐ 화장품 (클렌징/토너/각질제거제/영양크림/에센스/아이크림/자외선차단제/색조제품/팩)

5. 가족들 중 특이 병력이 있나요?
☐ 비만 ☐ 암 ☐ 당뇨병 ☐ 고혈압 ☐ 기타

6. 최근 체중의 변화가 있나요?
☐ 예 ☐ 아니오

7. 의사에 의해 처방받은 다이어트 약품이 있나요?
☐ 예 ☐ 아니오

8. 생리 증후군이 있습니까?
☐ 생리전 증후군 ☐ 생리통 ☐ 생리불순

9. 피임약을 복용합니까?
☐ 예 ☐ 아니오

10. 임산부 입니까?
☐ 예, ( )주입니다. ☐ 아니오 ☐ 임신 계획이 있습니다.

11. 호르몬제를 복용하거나 주사하고 있습니까?
☐ 예 ☐ 아니오

12. 기타 주의 사항 및 요청 사항

2) 시진(Inspection)

관리사가 고객을 문진한 후 문제의 원인을 파악하기 위해 관찰하는 것을 시진이라고 한다. 시진을 하는 목적은 몸매의 상하좌우의 밸런스, 가시적인 변화 등에 대한 정보를 얻어내는 것이다. 시진은 서있을 때, 걸어올 때 등을 통해서 고객의 상태를 알 수 있으나, 정확한 정보를 얻기 위해서는 서서 사진을 찍거나 관리사가 눈으로 밸런스에 맞지 않는 것을 파악하는 것이 가장 보편적인 방법이다.

신체의 정렬이 맞지 않는 자세를 취하게 된다면, 즉 근육들 사이에 불균형이 발생하면 골반을 비롯한 척추의 중립 위치 변형을 일으키므로 서로 상호 보상작용에 의해 견갑대, 턱관절의 이상이 초래되어 불균형적 몸매가 되어 버린다. 그리고 혈관과 신경의 흐름을 막게 되어 산소의 공급이 원활하게 되지 않아 세포까지 전달이 되지 않고 에너지화되지 않아 효율이 떨어지게 되어 비만이 더욱 가속화 되고, 통증, 외모의 영양전달 저하를 유발하게 된다.

다음과 같은 인체 밸런스의 기준이 만족되어야 한다.

| 표 9 | 인체밸런스 측정

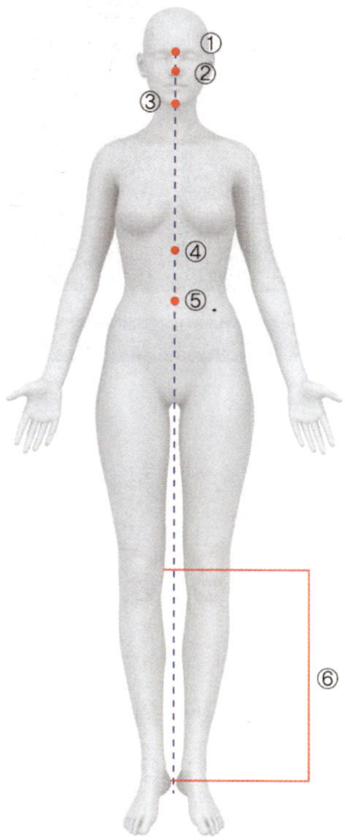	
〈앞면〉 ① 미간 ② 코 ③ 턱 끝선 ④ 검상돌기 ⑤ 배꼽 ⑥ 무릎, 발 사이가 일직선 상에 있어야 함	〈측면〉 ① 귀의 중앙(측두골의 유양돌기) ② 어깨관절의 중앙 ③ 천추2번의 전방 ④ 엉덩관절의 후방 ⑤ 무릎관절의 중앙(슬개골 바로 뒤) ⑥ 발목관절의 전방이 일직선 상에 있어야 함

(1) 정적 시진

고객의 몸매를 분석하기 위해서는 기본자세인 곧게 선 자세를 관찰하는 것이 용이하다. 이는 틀어진 몸매를 발견하는데 가장 쉽고 체중 부하, 즉 중력의 영향을 받을 수 있으므로 신체의 비틀림을 찾기가 쉽기 때문이다. 이는 척추뼈의 변위를 알아보는데는 큰 도움이 되나 입체적 움직임 변위를 알아보기 위해서는 동적 시진이 필요하다. 피부미용사는 정적 시진을 파악하는 것을 우선으로 한다. 이 검사 시 속옷만 입고하는 것이 좋으나 부담스럽다면 짧은 옷을 입고 검사하는 것이 좋다. 그리고 숙달되지 않으면 시진법에 정확도가 떨어지므로 몸매의 균형 지표가 되는 도구를 이용하는 것이 좋다.

① **검사창을 이용한 진단법**

일반적으로 검사창에 동일한 위치에서 사진 촬영을 하는데 활용하는 진단법이다. 이는 관리 전후를 비교하는데 간편하고 탁월한 방법으로 활용되고 있다. 이는 척추의 뒤틀린 방향과 정도, 측만증 유무를 기록할 수 있다.

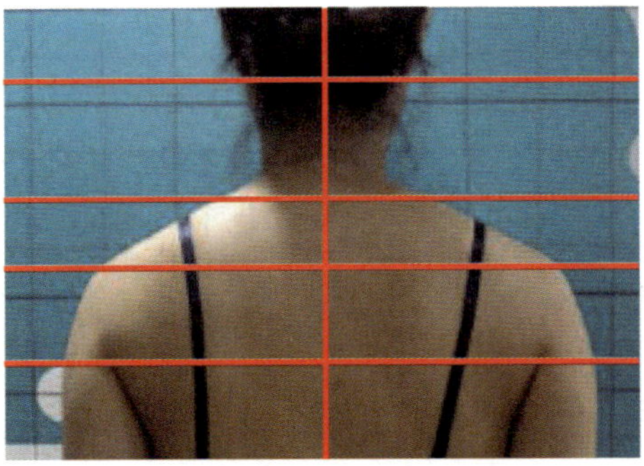

• 그림 9 • 검사창을 이용한 진단법

② **곧게 선 상태에서 몸매를 비교하는 포인트**

다음의 몸매 분석표에 작성 되어 있는 기준으로 순서대로 체크하면서 몸매의 변형을 체크해 볼 수 있다. 관리 전과 후를 비교하며 고객 관리의 효과를 비교해줄 수 있다. 이 기준 외에도 등이나 팔다리의 근육의 좌우차(긴장도, 이완도, 함몰도 등의 좌우 차)를 비교할 수 있으며 앞면에서 보는 정적 검사로는 더욱 다양하다.

- 양쪽 귀의 높이가 같은가? 차이가 크면 경추 및 골반의 변위가 있을 수 있다.
- 어깨와 젖가슴의 높이가 같은가? 차이가 크면 가슴근육의 긴장도가 다를 수 있다.
- 양 손 끝의 높이가 같은가? 어깨 회전근개의 전반에 걸친 문제와 견갑골 및 골반의 불균형이 있을 수 있다.
- 목뼈의 역C자형 커브가 있는가? 과도하게 들어가거나 뒤로 나와있으면 요추 전·후만에 의한 협착 및 디스크질환을 유발할 수 있다.

(2) 동적 시진

의식없이 평범한 제자리걸음 10회를 서 있는 상태에서 실시하는 동적 검사 등이 있다. 걷게한 후 위치로 골반의 변위를 확인하거나 또는 엉덩이 하부 주름(볼기고랑)의 위치가 낮은 쪽은 골반의 후하방(PI), 고랑의 위치가 높은 쪽은 골반의 전방(AS)일 가능성이 높다. 또는 10회 제자리 걸음 후 땅을 디딘 발의 방향을 보고, 발가락 끝이 극단적으로 안쪽을 향해 있으면 그쪽 골반 관절의 바깥돌림(External Rotation), 극단적으로 밖으로 향해 있으면 그쪽 골반관절의 안쪽돌림(Internal Rotation)이라 평가할 가능성이 있다.

(3) 시진 분석표

① 시진분석표

다음 [표 10]에서 제시한 사진 분석표는 시진을 통한 몸의 밸런스 기준을 비교하기에 적합한 분석자료 양식이다. 관리 전 고객의 전, 후, 측면을 사진으로 촬영한 후 관리 후 동일한 위치에서 촬영함으로써 인체의 밸런스 완화 정도 및 불균형 정도를 파악할 수 있다.

| 표 10 | 사진 분석표

사진 분석표
(Photo Analysis)

	앞면	뒷면	측면
1차 일시 (.)			
2차 일시 (.)			

② **몸매분석표**

[표 11] 몸매 분석표 또한 대표적인 시진진단 작성표이다. 정적인 자세에서 고객의 좌우 밸런스를 비교하여 상하좌우의 밸런스 정도를 기호로 체크할 수 있다. 예를 들어 좌우 귀의 높이를 측정 시 좌는 ↓, 우는 ↑로 표시할 수 있다.

| 표 11 | 몸매 분석표

몸매 분석표
(Plumb Line Posture Analysis)

	1차 (일시 :)		2차 (일시 :)	
	좌	우	좌	우
좌우 귀의 높이				
좌우 어깨의 높이				
좌우 어깨의 넓이				
좌우 젖꼭지의 높이				
좌우 손끝의 높이				
좌우 위앞엉덩뼈가시(ASIS)의 높이				
좌우 위앞엉덩뼈가시(ASIS)의 전후도				
좌우 위뒤엉덩뼈가시(PSIS)의 높이				
좌우 위뒤엉덩뼈가시(PSIS)의 전후도				
엉치뼈 중심선의 좌우 경사도				
좌우 엉덩이 하부 주름 높이				
좌우 다리오금의 높이				
내반슬, 외반슬 여부				
좌우 가쪽, 안쪽 복사뼈의 높이				
척추뼈 전후측만 여부				

3) 촉진(Palpation)

촉진은 관리사가 손가락을 통한 촉진을 통해 신체 상태를 파악하는 방법이다. 촉진을 통해 근육과 지방의 배치, 피부의 온도와 습윤 정도, 긴장이완도, 압통 유무 등을 판단하여 몸매관리 계획 수립 시 고려할 수 있는 분석방법이다. [표 12]의 피부와 근육 분석표를 이용하여 관리자가 알아볼 수 있는 체크를 할 수 있다.

| 표 12 | 피부와 근육 분석

피부와 근육 분석표
(Skin and Muscle Analysis)

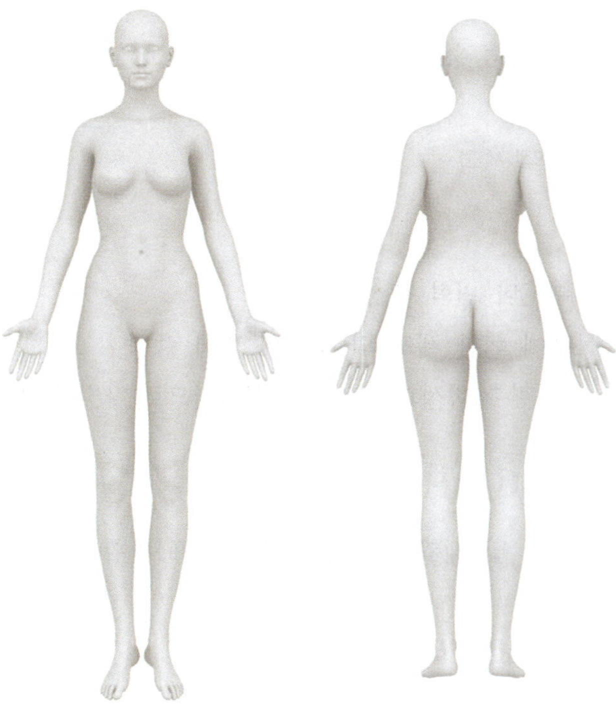

근육량	
셀룰라이트	
지방	
피부	
아토피	
튼살	
기타	

4) 기기를 이용한 측정

(1) 체성분 분석기(Body Composition Analyzer)

인체는 전기가 잘 통하는 수분으로 채워져 있다. 수분량에 따라 전기가 통할 때 저항이 달라진다는 원리로 인체에 미세한 교류 전류를 흘려보내 생겨나는 인피던스 인덱스(Impedance Index)를 얻어 체수분을 측정하는 방법으로 만든 것이 체성분 분석기이다. 손바닥과 발바닥을 체성분 분석기의 전극을 잡고 조직액 사이로 전기가 흘러 들어가면서 분석을 하게 되며 움직이지 않는 상태에서 몇십초간 자세를 유지한다.

① 측정할 수 있는 항목

- 체성분 분석(체수분, 단백질, 무기질, 체지방)
- 골격근, 지방분석(체중, 골격근량, 체지방량)
- 비만분석(BMI, 체지방률)
- 부위별 근육량 및 둘레, 체지방량
- 세포 외 수분비 분석
- 신체 변화(체중, 골격근량, 체지방률, 세포 외 수분비의 변화)
- 내장지방 단면적
- 체중조절(적정체중, 체지방량, 근육량 조절 제안)

② 체성분 분석기 활용

- **신장** : 혈액 투석 후 세포 외 수분비 변화 측정
- **간** : 간경화에 의한 부종과 복수에 의한 세포 외 수분비 변화 측정
- **당뇨** : 다리 근육량의 감소는 인슐린 저항성과 면역력이 떨어지므로 다리 근육량 변화 측정
- **영양** : 영양불량 정도를 측정
- **재활** : 피트니스를 통한 건강 지표 및 재활을 위한 객관적 지표로 활용

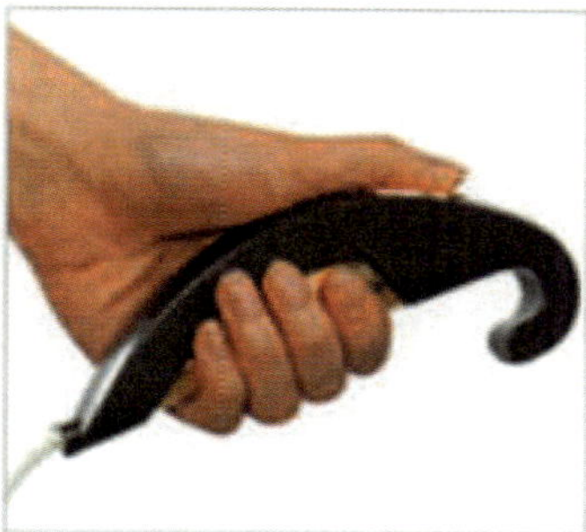

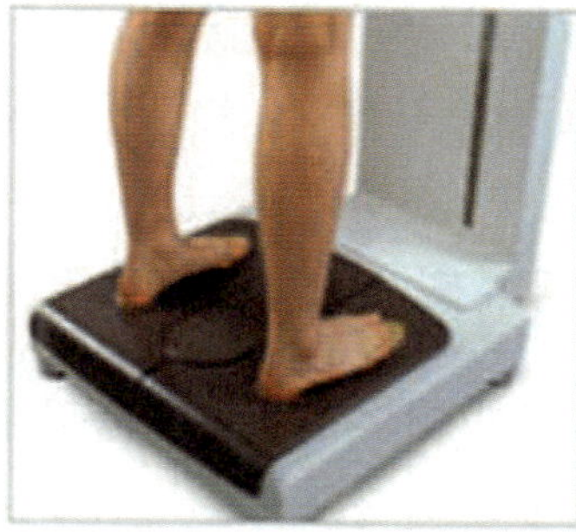

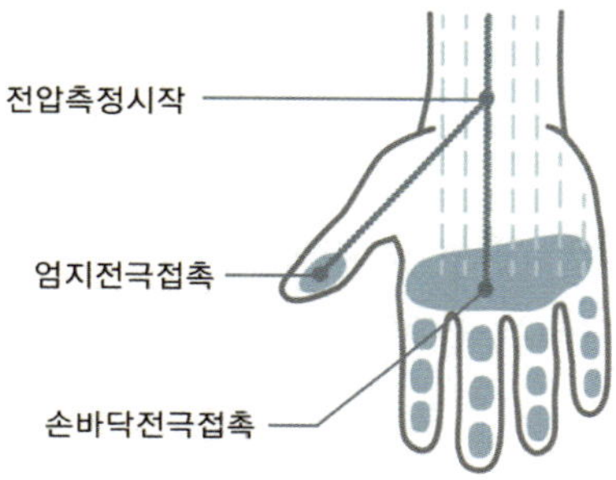

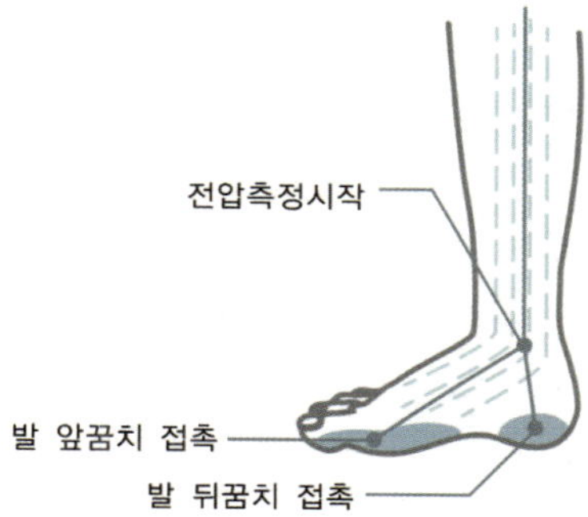

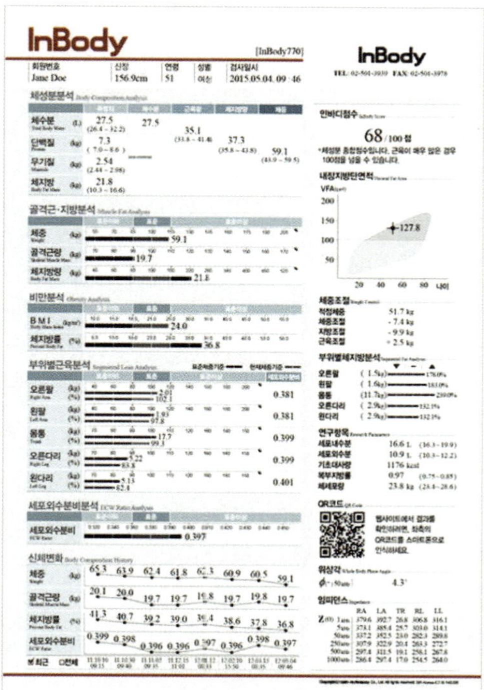

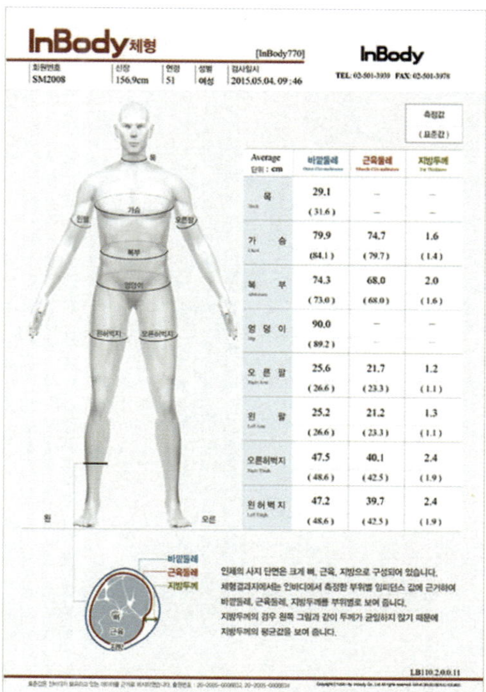

• 그림 10 • 인바디 측정 및 측정기

(2) 줄자(Tape Measure)

줄자는 일반적인 둘레 측정도구이다. 관측자의 줄자 사용 능숙도에 따라 측정값이 다를 수 있으므로 표준이 필요하다. [표 13]과 같은 사이즈 측정표를 참고하여 측정값을 작성 할 수 있다.

- 관리 전후 측정자가 동일해야 한다.
- 관리 시 같은 자리를 3번 반복하여 측정한 후 평균값을 낸다.
- 힘을 주지 않고 편안한 상태로 진행해야 한다.

(3) 캘리퍼(Caliper)

비만도의 간편한 지표로서 이용되는 것으로 피부 두겹(skin-fold, 피부와 피하지방조직의 이중층) 집기에 의해서 피하지방의 두께를 구하는데 사용되는 기구이다.

(4) 기타

체중계, 신장측정기 등이 기구를 이용한 측정값으로 나타나는 대표적인 기구이며 또한, 다양한 공식을 통해 비만도를 측정한다.

| 표 13 | 사이즈 측정

사이즈 측정
(Size Measurement)

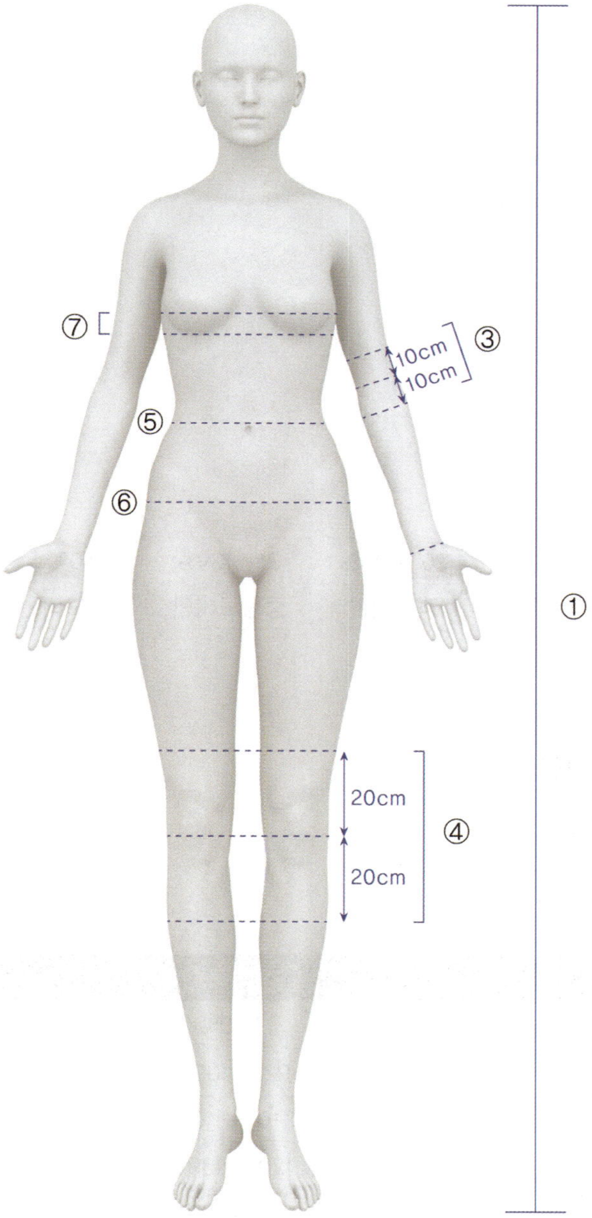

사이즈 측정	
① 키	
② 체중	
③ 팔 – 손목 – 팔목 아래 10cm – 팔목 위 10cm	
④ 다리 – 발목 – 무릎 아래 20cm – 무릎 – 무릎 위 20cm	
⑤ 허리	
⑥ 엉덩이	
⑦ 가슴 – 유두 라인 – 밑가슴 라인	

3 비만 측정 지수

1) 표준체중에 의한 평가

(1) Broca 변법에 의한 표준체중

- 일률적 적용 : 표준체중(kg) = (신장 − 100) × 0.9
- 신장에 따른 등급 분류
  - 161cm 이상 : 표준체중 = (신장 − 100) ×0.9
  - 150 ~ 160cm : 표준체중 = (신장 − 150) ×0.5 + 50
  - 150cm 미만 : 표준체중 = (신장 − 100) ×1.0

(2) 비만도 계산

비만도(%) = (현재체중 - 표준체중) / 표준체중 × 100

| 표 14 | 비만도 기준

비만도(%)	〈 10%	10 ~ 19%	20 ~ 30%	31 ~ 39%	40% 〈
비만정도	정상	과체중	경도비만	중등도비만	고도비만

2) 표준체중에 대한 현재체중의 비율

상대체중(%) = 현재체중 / 표준체중 × 100

| 표 15 | 상대체중 기준

분류	상대체중
저체중	〈 90%
정상	92 ~ 109%
과체중	110 ~ 119%
경도비만	120 ~ 139%
중등도비만	140 ~ 199%
고도비만	200% 〈

3) 체질량지수(Body Mass Index : BMI)

키와 몸무게를 이용하여 지방의 양을 추정하는 비만 측정법으로 16세 이상의 모든 남녀에게 적용된다. 성인 체중은 여성의 경우 18세, 남성의 경우 20세에 완성되는데, 그 이후에 체중이 증가하는 것은 체내지방이 증가하기 때문이다. 또 50세 이후에는 체중이 늘지 않아도 근육이 줄어들면서 체내 지방이 증가한다. 이 지수로 질병에 대한 확률도 알 수 있어서 만약 체질량 지수가 18 미만인 경우 영양부족으로 인한 무월경, 27 이상인 경우 고혈압, 당뇨 심장병에 걸릴 확률이 높아진다.

$$BMI = weight(kg) / height(m)^2$$

| 표 16 | 체질량지수(BMI) 기준

kg/m^2	20 미만	20 ~ 24.9	25 ~ 29.9	30 ~ 39.9
BMI	저체중	정상	1도 비만	2도 비만
위험도	낮음	보통	경한 위험	중증도 위험

4) 체지방에 의한 평가

(1) 피부 두겹지기(Skinfold Mesurement)

캘리퍼(Caliper)를 사용하여 피하지방 두께를 측정하여 체지방을 산출

(2) 생체전기 저항에 의한 측정법(Bioelectric Impedence Assessment : BIA)

다리와 팔에 약한 전류를 통과시켜 전기 저항으로 신체 내의 수분량과 체지방량을 측정한다.

(3) 수중밀도 측정법(Hydrodensity)

수중에서의 신체 부피를 측정하여 체비중을 계산하여 지방량을 산출하는 방법으로, 신체 부피를 측정하기 위해 폐의 잔류량을 측정한다. 금식 상태에서 측정하며, 시설이나 사용의 불편함으로 임상에서는 사용이 드물고 연구의 목적으로 연구소에서만 사용되고 있다.

(4) 복위(허리둘레) / 둔위(엉덩이둘레)비(Waist-Hip Ratio : WHR)

엉덩이에 대한 허리둘레의 비로 체지방의 국부적인 분포 상태를 나타내는 지표이다.

① **상체비만** : 남자 : 0.95 이상 / 여자 : 0.85 이상

② **하체비만** : 남자 : 0.85 이하 / 여자 : 0.75 이하

(5) 컴퓨터 단층 촬영(Computed Tomography)

컴퓨터의 단층 촬영으로 지방의 분포를 파악한다.

① **내장형 비만** : 내장지방 면적 / 피하지방 면적 〉 0.4

② **피하형 비만** : 내장지방 면적 / 피하지방 면적 〈 0.4

4 몸매 관리 계획

고객의 상태에 적합한 프로그램 계획을 수립하는 것은 원하는 몸매를 가꾸기 위한 몸매 관리 계획에 필수적이다. 몸매 분석은 문진, 시진, 촉진, 기기 판독법을 종합하여 다음과 같은 요령으로 관리계획을 수립한다.

1) 몸매 관리 계획 차트 작성하기

① 관리 목적

- 선천적 몸매와 습관적 몸매를 구분하고 신체구조의 장단점을 파악하여 목적을 기재한다.
- 건강상태, 피부타입을 파악하여 목적을 기재한다.

② 기대 효과

- 선천적 몸매와 습관적 몸매를 구분하고 신체구조의 장단점을 파악하고 적절한 몸매 관리를 진행하였을 때의 효과를 기재한다.

- 건강상태, 피부타입을 파악하고 적절한 몸매 관리를 진행하였을 때의 효과를 기재한다.

③ **관리 부위**

관리 목적에 부합하는 신체 부위를 체크한다.

④ **클렌징**

관리하고자 하는 신체 부위의 피부 타입에 맞는 화장품을 체크한다.

⑤ **딥클렌징**

매뉴얼 테크닉 제품 선택 시에는 피부상태, 계절 및 환경적 요인에 따라 오일 또는 크림 타입으로 관리를 진행할 수 있다. 그리고 관리목적에 따라 에센셜 오일이나 기능성 성분이 함유된 제품을 적용할 수 있다.

⑥ **매뉴얼 테크닉 제품 타입**

매뉴얼 테크닉 제품 선택 시에는 피부상태, 계절 및 환경적 요인에 따라 오일 또는 크림 타입으로 관리를 진행할 수 있다. 그리고 관리 목적에 따라 에센셜 오일이나 기능성 성분이 함유된 제품을 적용할 수 있다.

⑦ **손을 이용한 관리 형태**

매뉴얼 테크닉을 할 시, 부적용 대상을 제외하고는 일반적으로 스웨디쉬 마사지로 관리한다. 고객의 니즈나 건강, 피부상태에 따라서 매뉴얼 테크닉의 강도는 조절할 수 있다.

⑧ **팩과 마스크**

고객의 피부 타입과 부위별 증상이나 관리 목적에 맞는 제품을 체크한다.

⑨ **마무리**

고객의 피부 타입에 맞는 제품을 체크한다.

⑩ **고객 관리 계획**

고객의 건강상태에 따라 시간 분배가 적절하게 분배가 되어야만 몸에 무리없는 상쾌한 관리가 진행될 수 있기 때문에 시간을 체크해야 한다. 그리고 관리 순서와 관리 시 제품성분을 자세하게 작성한다.

⑪ **고객 요구 사항**

고객의 요구 사항이나 트러블이 있는 부분을 미리 작성하여 실수하지 않도록 한다. 이는 고객의 반응을 적극적으로 체크하는 관리자의 자세이다.

⑫ **자가 관리 조언**

크게 자세, 식습관, 운동으로 나뉘며 몸매가 정상으로 돌아가기 위한 기준을 제시하고 하나씩 지켜나간다면 성공할 수 있다는 자신감을 부여한다.

2) 수행 순서

① 고객 상담을 통해 생활 습관, 식생활 스타일 등을 자세히 체크해 차트 작성을 한다.

② 고객을 가운으로 갈아 입힌 후 편안하게 세운 다음 몸매분석표를 보고 앞, 뒤, 옆면을 체크한다.

③ 다시 고객을 베드에 눕힌 후 부위별 문제점을 촉진으로 파악한 후 근육량, 지방, 피부상태 등을 체크한다.

④ 몸매 분석한 결과를 가지고 부위별 몸매에 맞는 몸매관리 계획을 작성한다.

⑤ 몸매 분석이 끝나면 다음 단계로 들어가기 위해 탈의를 하고 타월로 잘 덮어준다.

| 표 17 | 몸매 관리 계획 차트

<table>
<tr><th colspan="5">몸매 관리 계획 차트
(Body Care Plan Chart)</th></tr>
<tr><td colspan="2">고객명 :</td><td colspan="3">관리일자 20 . . . (회차)</td></tr>
<tr><td rowspan="2">관리목적
및
기대효과</td><td colspan="4">관리목적 :</td></tr>
<tr><td colspan="4">기대효과 :</td></tr>
<tr><td colspan="2">관리 부위</td><td colspan="3">☐ 등 ☐ 복부 ☐ 손, 팔 ☐ 발, 다리 ☐ 가슴</td></tr>
<tr><td colspan="2">클렌징</td><td colspan="3">☐ 크림 ☐ 밀크/로션 ☐ 젤 ☐ 기타</td></tr>
<tr><td colspan="2">딥클렌징</td><td colspan="3">☐ 효소(enzyme) ☐ 스크럽 ☐ 후리마돌</td></tr>
<tr><td colspan="2">매뉴얼 테크닉 제품타입</td><td colspan="3">☐ 오일 ☐ 크림</td></tr>
<tr><td colspan="2">손을 이용한 관리형태</td><td>☐ 스웨디쉬 ☐ 림프</td><td>압력</td><td>☐ 상 ☐ 중 ☐ 하</td></tr>
<tr><td colspan="2">팩 or 마스크</td><td colspan="3">☐ 보습 ☐ 탄력 ☐ 안티아크네
☐ 혈액순환 ☐ 림프순환 ☐ 셀룰라이트</td></tr>
<tr><td colspan="2">마무리</td><td colspan="3">☐ 로션 ☐ 크림 ☐ 자외선 차단제</td></tr>
<tr><td>고객 관리
계획
(각 단계별
시간 체크)</td><td colspan="4">총 분 관리</td></tr>
<tr><td>고객
요구사항</td><td colspan="4"></td></tr>
<tr><td rowspan="3">자가관리
조언
(홈케어)</td><td colspan="4">자세 조언 :</td></tr>
<tr><td colspan="4">식습관 조언 :</td></tr>
<tr><td colspan="4">운동 조언 :</td></tr>
</table>

Part 2

전신관리

1 전신관리 개요

전신관리는 얼굴을 제외한 몸의 피부를 관리하는 것으로 등, 가슴, 복부, 팔, 다리 부위를 일컫는다. 전신 관리 시 얼굴과 동일하게 다양한 관리를 통해 관리가 가능하다.

특히 전신관리의 꽃인 스웨디쉬 마사지는 1812년 스웨덴의 생리학자이자 펜싱과 체조선수로 활동한 퍼핸릭링(Per Henrik Ling)에 의해 고안되었다. 퍼핸릭링이 운동선수로 활동하면서 팔꿈치의 통증을 풀어주기 위해 마사지를 하면서 통증 개선 및 연부조직의 가동성이 개선됨을 몸소 느끼게 된다. 이후 마사지의 혈액순환 효과와 체조의 근육이완 장점을 이용한 스웨디쉬 동작 치료를 만들게 되었고 이는 현대 마사지의 시초가 되었다. 특히 1813년 스톡홀름 왕립중앙체조대학의 교과과정에 마사지가 정식과목으로 채택되며 이 방법이 유럽에서 호응을 얻어 스웨덴식 동작치료학회가 설립될 만큼 체계적인 교육으로 발전되었다. 스웨디쉬 마사지는 내과 의사인 존 조지 메저(Johan Georg Mezger)에 의해 쓸어서 펴 바르기(Effleurage), 어루만져 펴 바르기(Petrissage), 밀착하여 펴 바르기(Friction), 토닥토닥 펴바르기(Tapotment), 떨며 펴 바르기(Vibration) 같은 프랑스식 용어를 스웨디시 마사지에 사용하여 보급함으로써 최고의 마사지로 승화시켰다.

1) 전신관리의 효과

전신관리는 관리방법에 따라 몸매분석하기, 클렌징하기, 전신 딥클렌징하기, 부위별 관리하기, 전신 팩·마스크하기, 전신관리 마무리하기에 걸친 관리를 총칭한다. 모든 관리 방법을 이용하거나 때에 따라서는 몇 가지만 활용할 수 있다. 전신관리를 하면 다음과 같은 효과를 얻을 수 있다.

① 피부의 과각질을 제거하며 간접세포재생과 더불어 미세혈액순환이 된다.
② 피부가 탄력있고 매끄러워진다.
③ 혈액순환이 촉진되어 세포에 에너지 생산이 증진된다.
④ 축적된 지방과 부종 및 셀룰라이트가 개선된다.
⑤ 상처의 회복과 재활이 빠르다.
⑥ 관절과 근육이 유연해져 운동 시 기능이 향상된다.

⑦ 림프의 기능이 향상되어 노폐물 배출이 용이하다.
⑧ 스트레스를 경감시킨다.
⑨ 신체의 기능에 활력을 준다.
⑩ 통증이 감소된다.
⑪ 피로한 신체의 에너지를 빠르게 회복시킨다.
⑫ 신체와 정신적 자신감이 상승된다.

2) 관리법

① 말단에서 심장방향을 향해 실시한다.
② 안에서 밖으로, 아래에서 위로, 근육결 방향으로 실시한다.
③ 쓸어서 펴 바르기(Effleurage), 어루만져 펴 바르기(Petrissage), 밀착하여 펴 바르기(Friction), 토닥토닥 펴바르기(Tapotment), 떨며 펴 바르기(Vibration)의 5가지 동작으로 구성된다.

3) 전신관리 부적용자

(1) 정맥류

정맥의 혈류가 저해되어 발생하는 상태로 푸른 실핏줄이 피부 겉표면으로 터질 듯 울혈된 상태를 하지정맥류라 부른다. 정맥벽이 약화된 상태이기 때문에 강한 테크닉은 정맥판막이나 혈관을 파열시킬 수 있다. 매뉴얼 테크닉시 직접적인 관리는 절대 금물이며 정맥류가 없는 곳만 적당한 압력으로 관리해야 한다.

(2) 심한 고혈압 환자

심장에서 동맥을 통해 혈액을 뿜어내었을 때 동맥벽이 받는 혈액압을 혈압이라 한다. 이때 수축기 혈압이 140mmHg 이상, 확장기 혈압이 90mmHg 이상이면 고혈압이라 말한다. 고혈압은 관리 시 혈압을 높일 수 있으므로 심한 고혈압 환자는 림프드리니지로 이완시키는 방법을 고려해야 한다.

(3) 골다공증

나이가 든 중년 여성의 경우에 많이 나타나며 골밀도가 적으므로 강한 압을 실시했을 시 부러질 수 있다.

(4) 척추 후만증

척추가 굽어있는 상태를 말하며 강한 관리 시 척추의 디스크 손상의 우려가 있다. 부드럽게 관리를 하여 근육과 관절에 무리를 주지 않도록 한다.

(5) 암

암 환자나 현재 치료를 받고 있는 환자는 암세포의 전이가 되지 않게 하기 위하여 강한 자극을 주면 안된다. 다만 암치료를 통한 림프절의 제거나 방사선 치료로 인한 부종 관리를 위하여 부드러운 관리인 림프드리니지를 시행하도록 한다.

(6) 임산부

임신 초기에는 본인의 임신여부를 아는 경우가 거의 없다. 모르는 상태에서 강한 테크닉이나 복부 관리를 시행 시 착상이 안 될 수 있기 때문에 항상 상담을 통해 임신 가능성을 물어봐야 한다. 임신 시에는 전문 시술자가 필요하며 임부일 때는 주로 부종관리 위주로 진행한다.

(7) 외상

피부 감염이나 근육의 손상이 있을 경우 관리를 하지 않는다. 오히려 냉찜질을 통해 염증을 가라앉히고 세균 침투가 힘들게 조직을 강화시키고 혈관이 수축되도록 관리해야 한다.

2 전신관리 기기

전신을 관리하는 방법에는 손으로 하는 수기요법이 있고 기기를 이용하는 방법이 있다. 기기를 이용하면 관리사의 체력소모를 줄여주며, 고객의 상태에 맞는 기기를 적용하여 효과를 높일 수 있다.

1) 주파수를 이용한 기기

(1) 저주파기(Low Frequency Current)

저주파기는 1 ~ 1,000Hz의 주파수를 이용한 기기로서, 경피 신경 자극을 통한 근육의 수축을 유도하여 지방의 분해를 촉진하는 미용학적 효과를 가진다. 그 외에도 체내 노폐물을 짜내어 배출시키는 효과를 가진다. 사용방법은 다음과 같다.

- 관리 전에 고객의 몸에 금속류(귀금속류, 보철 등)를 착용하였는지 확인한다.
- 관리 부위를 클렌징하고 무알콜 토너로 정돈을 해준다.
- 패드에 물을 뿌리거나 젤을 도포하여 피부에 밀착시킨다.
  (때에 따라서 움직이지 않도록 밴드로 고정하도록 한다.)

(2) 중주파기(Middle Frequency Current)

중주파기는 1,000 ~ 10,000Hz의 주파수를 이용한 기기이다. 중주파는 간섭파형이기 때문에 저주파보다 피부저항이 적어 상대적으로 많은 전류를 전달할 수 있다. 그래서 경피 신경만 자극하는 저주파 치료보다 침투도 깊고 넓게 작용한다. 근육운동에 가장 적합하여 고객이 느끼는 불쾌감이 적어 비만 관리 시 활용이 용이하다. 메디컬 센터에서도 중주파를 이용한 교근의 근육비대로 인한 사각턱 축소술이 있을 만큼 근육에 작용하는 주파수이다. 고주파는 수동적으로 테크닉이 들어가는 대신

출처 : Beautech

중주파는 패드를 붙이고 있기만 해도 되고, 범위도 3 ~ 5배 정도 넓게 작용하기 때문에 물리치료실에서도 사용하는 기기이다.

중주파기는 근육과 연부조직의 강화로 관절의 탄력을 증진시키고, 혈액순환과 림프순환의 촉진으로 비만관리 및 셀룰라이트 관리에 효과적이다. 세포의 대사 작용이 뛰어나 혈색이 좋아진다. 특히 혈액순환으로 인한 체온상승으로 근육통이 감소된다. 사용방법은 다음과 같다.

- 관리 전에 고객의 몸에 금속류(귀금속류, 보철 등)를 착용하였는지 확인한다.
- 관리 부위를 클렌징하고 무알콜 토너로 정돈을 해준다.
- 패드에 물을 뿌리거나 젤을 도포하여 피부에 밀착시킨다.
(때에 따라서 움직이지 않도록 밴드로 고정하도록 한다)

(3) 고주파기(Radio Frequency Current)

고주파기는 100,000Hz 이상의 교류전류를 이용한 기기로 태슬러 전류라고 한다. 중·저주파와는 다르게 몇십만 단위로 떨리다보니 감각이나 운동신경을 자극하지 않는다. 근육의 수축이 없어 고객에게 불편함이 없으며 피부 겉의 열이 아닌 신체조직 안의 특정 부위에 열을 발생, 즉 심부열을 발생시켜 비만치료 및 피부미용, 통증치료에 사용되고 있다.

고주파 기기는 심부열을 통해 혈액순환을 도모하며 세포의 기능을 촉진시킨다. 또한 섬유조직의 재생효과가 높다. 사용방법은 다음과 같다.

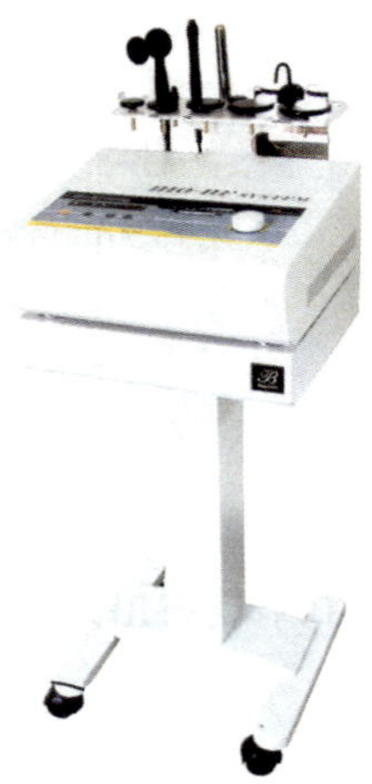

출처 : Beautech

- 관리 전에 고객의 몸에 금속류(귀금속류, 보철 등)를 착용하였는지 확인한다.
- 꼭 고주파 전용크림을 바른다.
- 고객의 몸 일부(등 또는 복부)에 플레이트 판을 부착 시 공간이 생기지 않아야 한다.
- 관리 시 도자가 고객의 몸에 밀착되도록 해야 한다.
(밀착이 제대로 안되었을 시 스파크가 발생될 수 있다.)
- 기계의 작동을 멈춘 뒤에 고객의 몸에서 도자를 떼도록 해야 한다.

(4) 부적용 대상자

① 심장 및 신장 질환자(인공 심박기 및 인공 신장기를 착용한 자)
② 혈압 이상자
③ 임산부, 자궁 질환자
④ 정맥류 및 혈전증 환자
⑤ 피부 질환 및 상처가 있는 자(화상, 멍 등)
⑥ 피부 레이저 시술한 지 얼마 안된 자
⑦ 전신 제모한 자
⑧ 뼈 골절 및 근육 손상자
⑨ 암환자
⑩ 간질 등 신경성 질환자
⑪ 생리 및 염증이 있는 자

2) 진공흡입기(Vacuum, Suction)

유리컵을 신체에 밀착하고 진공상태로 만들면 피부가 빨아 올라가는 원리를 이용한 기기로 피부의 유착을 풀어주어 림프순환을 촉진하며, 부종 및 셀룰라이트 개선, 비만관리 및 탄력관리에 도움을 준다. 하지만 과도한 사용은 모세혈관이 파괴되어 멍이 생기거나, 피부의 늘어짐이 발생될 수 있으니 과도한 사용은 피한다.

(1) 사용법

① 적용할 부위에 오일을 약간 발라 유리컵과의 피부의 마찰을 줄인다.
② 부위에 적용할 사이즈의 컵을 선택하여 컵의 20 ~ 30% 정도만 피부가 들어 올려지는 정도로 압을 조절한다.
③ 컵을 약간 들면서 천천히 테크닉을 적용한다.
④ 컵을 제거하거나 진공상태 제거 시에는 유리컵 구멍에서 손가락을 떼거나 컵 옆을 살짝 눌러서 뗀다.

(2) 부적용 대상자

① 정맥류 이상자
② 튼살이 있는 부위
③ 임산부의 복부관리
④ 늘어진 피부 부위

3) 엔도몰로지(Endermology)

수기 기법 중 롤핑기법을 대체하는 기기로서 음압과 롤러를 이용하여 피부를 들어 올리며 이동시킬 수 있다. 이는 근막의 이완으로 림프관의 운동성 확보 및 셀룰라이트를 작은 입자로 분해하여 림프관으로 흡수상태를 용이하게 한다. 과잉 축적된 지방을 분해하여 슬리밍 관리에 활용한다.

(1) 사용법

① 전용 타이즈를 입고 적용하거나 오일을 적당히 발라 기기와의 마찰을 줄인다.
② 관리사가 압력을 테스트 후 고객에게 적용하며, 처음에는 적은 압으로 진행하다가 고객에게 물으면서 압을 높인다.
③ 관리는 원위부에서 근위부 방향으로 밀듯이 진행한다.

(2) 부적용 대상자

① 혈전증 및 정맥류 환자
② 심혈관 이상자
③ 모세혈관 확장 피부
④ 늘어진 피부 부위

4) 바이브레이터기(Vibrator)

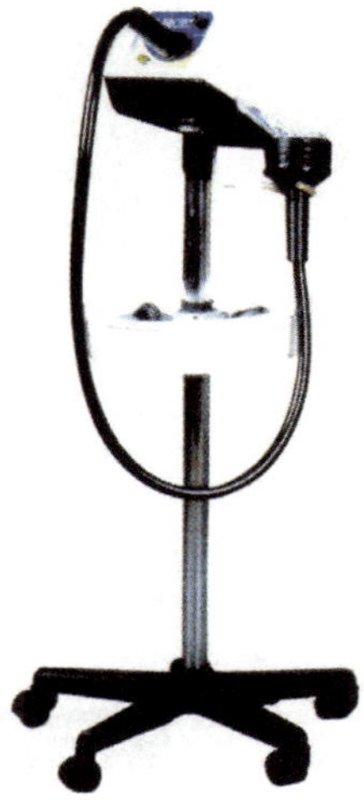
출처 : Beautech

전기모터가 달려있는 기기로 부위와 효과에 따라 다양한 사이즈와 형태의 헤드를 끼워 적용하는 기기이다. 뭉친 근육을 풀어주어 혈액순환을 촉진시키고 노폐물을 배출시켜 신진대사를 활성화 하는데 도움을 주며 통증완화와 근육 이완 효과를 준다.

(1) 사용법

① 신체의 부위와 맞는 적절한 헤드를 선택한다.
② 신체의 표면과 직각이 되도록 위치하고, 신체의 굴곡에 맞춰 이동한다.
③ 일반적으로 원을 그리며 이동하며, 뼈나 관절이 있는 곳은 피한다.
④ 눌러서 사용하지 않는다.(멍이 드는 것은 올바르지 않다.)

(2) 부적용 대상자

① 골다공증 환자
② 어린이, 노약자

5) 프레셔기(Pressure)

가정에서 구매하기 쉬운 관리기기로, 공기압박을 통하여 신체의 정체된 부분을 풀어주고 정맥순환을 개선해주는 압박관리이다. 주로 노폐물을 배출시키는데 효과적이므로 일반 부종 및 림프부종, 정맥순환 개선에 도움을 준다. 일반적으로 4채널로 구성되어 원위부에서 근위부로 짜주는 형태로 적용되며, 팔, 다리 골반, 허리, 복부 등 분리해서 판매되고 있다. 현재 하체 림프부종 환자를 위한 의료용 압박기는 12채널로 구성되어 있으며 다리에서 복부까지 압박이 가능하다.

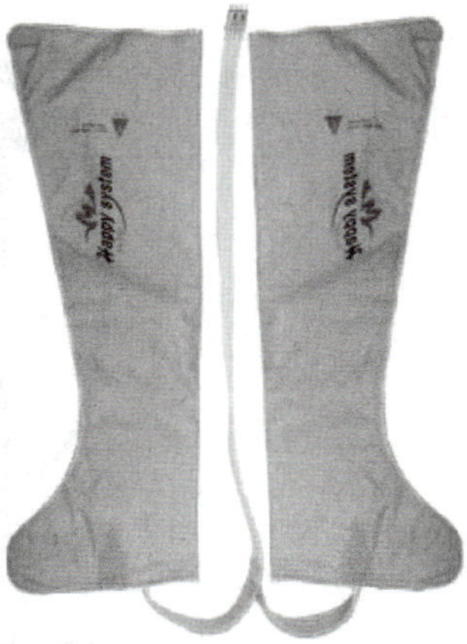

다리 커프(다리 관리 전용)

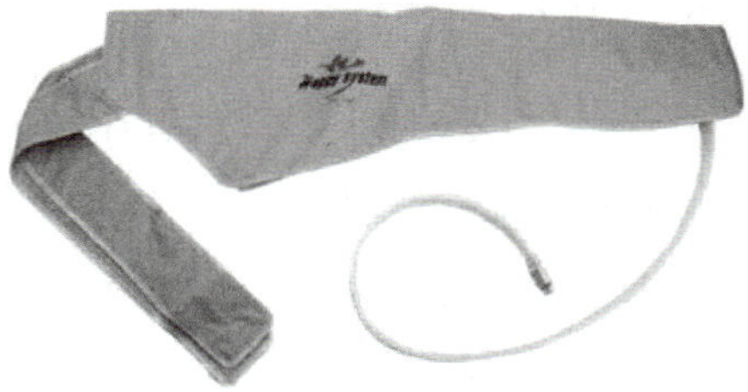

팔 커프(팔 관리 전용)

본체

발 지압 패드

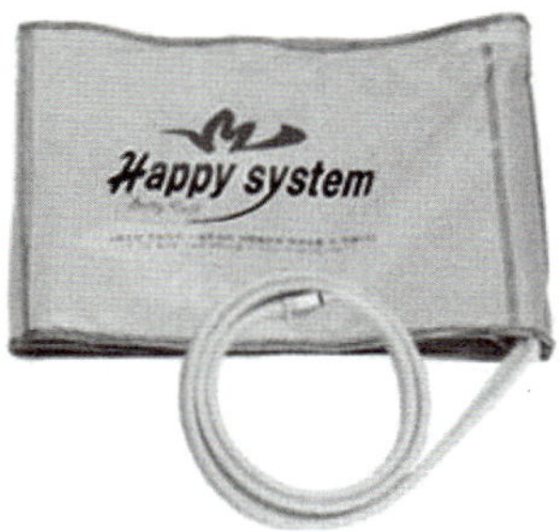

다리 커프(다리 관리 전용)

전원 아답터

(1) 사용법

신체에 무리를 주지 않아야 하므로 불쾌감 없는 압력으로 진행해야 한다.

(2) 부적용 대상자

① 혈전증 및 정맥염 환자
② 감염자
③ 암환자
④ 심장 기능 부전자

3 전신 피부 유형

1) 중성 피부

(1) 원인

한선과 피지선의 기능이 최적의 밸런스를 유지한다.

(2) 특징

① 유분과 수분의 밸런스가 적당하여 가장 이상적인 피부타입이다.
② 피부의 결점이 없는 편이다.
③ 피부결이 매끄럽고 탄력성이 좋아 표정주름 이외에는 주름이 없는 편이다.
④ 세안 후 피부 당김이 없는 편이다.
⑤ T존에 모공이 있는 것이 중성피부이다.

(3) 관리

계절과 나이에 따라 변화가 심하므로 유수분 공급을 적절히 하여 상태를 유지한다.

2) 건성 피부

(1) 원인

① 피지선의 기능이 저하되어 수분이 증발될 수 있다.
② 내부 혈액순환 기능이 저하되어 수분이 부족할 수 있다.
③ 과도한 냉난방으로 인한 탈수현상일 수 있다.
④ 과도한 각질제거 및 필링, 레이저 치료로 인한 현상이 생길 수 있다.

(2) 특징

① 대체적으로 중성피부에 비해 피지 분비가 적다.
② 모공이 작고 섬세하며 때에 따라서는 기미나 주근깨가 생길 수 있다.
③ 다른 피부에 비해 잔주름이 빠르게 나타날 수 있다.
④ 유·수분이 부족하여 들뜬 각질이 보일 수 있다.
⑤ 노화가 촉진될 가능성이 큰 피부이다.

(3) 관리

유·수분 밸런스 관리, 매뉴얼 테크닉을 통한 혈액순환 및 신진대사를 촉진한다.

구분	내용
표피 건성 피부	주로 외부의 환경에 의해 수분이 빼앗기거나, 과도한 클렌징으로 인한 표피의 과각질 탈락으로 인한 유수분 제거로 잔주름이 생기기 쉬운 피부이다.
진피 건성 피부	모세혈관이 존재하는 진피는 혈액순환이 저하되는 원인들에 의해 나타나는 건성현상이다. 주로 영양 결핍(또는 다이어트) 및 자외선으로 인한 MMP발현으로 섬유조직의 변성, 혈액순환의 저하로 인한 진피 내 수분함유량 감소로 깊은 주름이 생기기 쉬운 피부이다.

3) 지성 피부

(1) 원인

① 피지선의 기능이 활발한 상태이다.
② 임신이나 생리전에 호르몬의 변화로 피지선이 자극된다.
③ 유전적인 영향이 있다.

(2) 특징

① T존과 U존 모두 피지분비가 활발하다.
② 모공이 크고 피부결이 거칠다.
③ 피지분비량이 많아 메이크업이 잘 지워지고 시간이 지날수록 다크닝 현상이 일어난다.

④ 블랙헤드 및 뾰루지가 날 수 있다.
⑤ 번들거리고 각질이 두껍다.
⑥ 건성피부에 비해 잔주름이 덜 생긴다.

(3) 관리

피지조절과 모공축소를 위한 관리, 과도한 피지제거로 인한 피부 민감을 주의하며, 각질제거를 통해 피부 청결관리를 한다.

4) 복합성 피부

(1) 원인

① 잘못된 피부 관리로 인한 결과이다.
② 환경적 스트레스 및 호르몬의 불균형으로 밸런스가 깨졌다.

(2) 특징

① T존과 U존의 차이가 있는 피부이다.
② T존은 피지분비가 과다하고, U존은 건조하다.
③ T존은 지성피부의 특징을 가지며, U존은 건성 피부의 특징을 가진다.

(3) 관리

T존과 U존의 관리를 다르게 진행해야 한다. T존은 피지 및 청결관리, U존은 유수분 밸런스 관리를 통해 서로 다른 피부관리를 진행해야 한다. 전신 관리 시 부위별 적절한 관리를 판단해야 한다. 등이나 가슴은 T존과 같이 지성피부일 가능성이 높고, 손과 팔 및 발과 다리는 건조하여 U존과 같이 건성피부이므로 적절한 관리가 필요하다.

5) 민감성 피부

(1) 원인

① 유전적으로 피부가 얇고 면역력이 저하된 피부이다.
② 영양이 결핍되거나 피부 마찰로 인해 예민해진 피부이다.

(2) 특징

① 저항력이 떨어져서 색소 침착이나 주름이 생길 수 있다.
② 홍반 및 혈관 파열, 멍, 염증현상이 나타날 수 있다.
③ 화장품 성분에 예민한 반응이 일어날 수 있다.

(3) 관리

매뉴얼 테크닉은 마찰이 최소화된 림프순환관리 위주로 진행하며, 팩이나 마스크 도포 시 진정 성분을 이용하되 고열의 관리는 피한다. 특히 화장품 성분에 예민할 수 있으므로 화장품 선택 시 신중해야하며 관리 중에도 알러지 반응에 신경쓰도록 한다.

4 주의사항

1) 위생과 소독

① 피부미용사는 언제나 청결이 우선이다.
② 피부미용사의 손톱은 길거나 네일아트를 해서는 안 된다.
③ 고객을 위해 룸 위생을 철저히 점검한다.
④ 화장품 및 기구는 청결하게 정리 · 정돈한다.
⑤ 1인 1기구를 사용하여 감염에 주의해야 한다.

2) 관리자의 태도

① 항상 미소로 인사드린다.

② 고객의 관리 부위 이외에는 타월로 잘 감싸준다.

③ 전문가적인 자세로 고객에게 심리적 안정감을 주어야 한다.

④ 각 단계시 고객에게 시술 설명과 주의사항 및 고객 배려 멘트를 전달한다.

⑤ 룸과 베드의 온도가 적절한지, 불편함은 없는지 확인한다.

CHAPTER 1

전신 클렌징하기

학·습·목·표

- 전신피부유형에 맞는 제품과 테크닉으로 클렌징 할 수 있다.
- 온습포 또는 경우에 따라 냉습포로 닦아내고 토닉으로 정리할 수 있다.

1 클렌징의 개요

1) 클렌징의 정의

피부의 첫 번째 단계에 사용되는 화장품으로서 피부에서 분비되는 피지와 땀, 먼지, 각질, 메이크업 잔여물 등을 제거하는 과정을 말한다.

2) 클렌징의 목적 및 효과

클렌징은 피부 표면의 피지와 땀, 먼지, 각질, 메이크업 잔여물을 제거하여 피부를 청결하게 하는 작업이다. 노폐물들과 메이크업 잔여물들이 피부에 오랜 시간 머물게 되면 모공을 막아 피부의 신진대사를 저해하고, 산패하거나 부패하여 미생물의 번식을 초래하기도 하며 피부를 자극한다. 한편 과도하게 세정할 경우 피지, 천연보습인자, 각질층 등이 지나치게 탈락되어 피부를 건조하고 예민하게 만들기도 한다. 따라서 사용목적에 부합하는 적당한 클렌저를 선택하여 피지와 땀에 의한 오염물이나 메이크업 잔여물 등을 제거해야 된다.

최근에는 여름이 되면 쇄골이나 팔, 다리의 매끈함을 부여하기 위해 펄크림이나 파우더를 사용하기 때문에 전신 클렌징의 필요성이 부각되고 있다. 메이크업을 했을 때 뿐만 아니라 화장을 하지 않은 피부라도 자외선에 의해 피지(특히 스쿠알렌)가 산화되면

과산화지질을 만들게 되어 활성산소에 의한 피부의 노화가 일어나기 때문에 피부에 이상을 초래하는 것으로 알려져 있다. 그러므로 피부를 아름답게 유지하기 위해서라도 당일 세정은 필수적이다. 클렌징 제품의 세정력도 제품에 따라 다르므로 피부 상태나 사용 목적을 고려하여 자신의 피부에 맞는 제품을 선택하는 것이 중요하다.

클렌징제는 크게 두 가지 타입의 형태가 있는데, 첫째는 물을 사용하여 거품을 내서 사용하는 타입의 계면활성제형 세안제로 폼클렌저 같은 것이 대표적이다. 둘째는 물을 사용하지 않고 얼굴에 제품을 도포한 후 닦아내는 타입의 용제형 세안제로 클렌징 로션, 클렌징 크림과 같은 것이 대표적이다. 최근 색조화장품들은 화장 효과를 지속시키기 위해서 땀과 물에도 잘 지워지지 않는 방수 화장품들이 대부분이기 때문에 메이크업을 물로만 씻어서는 잘 지워지지 않는다. 따라서 색조화장품의 유성성분을 세정하기 위한 용제형 세안제로 닦아낸 후 계면활성제형 세안제로 씻어내는 2중 세안이 필요하다.

(1) 폼클렌저

피부자극이 없어서 민감하고 약한 피부에 효과적이고 보습제와 에몰리언트제가 다량 배합되어 세안 후 당기거나 건조해지는 것을 방지한다.

(2) 클렌징 크림

피지나 메이크업 잔여물을 제거해 주며, 진한 메이크업 제거 시 효과적이다.
단 유분이 많아서 클렌징 폼이나 비누를 이용하여 이중세안을 해야 한다.

(3) 클렌징 로션

클렌징 크림보다 가벼운 타입으로 유분의 양이 적어 산뜻함과 끈적임이 적다. 유분이 적은 만큼 클렌징 크림보다 세정력이 떨어지므로 가벼운 메이크업을 지우는데 적합하다. 모든 피부에 적합하다.

(4) 클렌징 오일

유성성분이 많아 클렌징 크림을 대체하는 제품이다. 피부 침투성이 좋아 두꺼운 메이크업도 깨끗하게 닦아줄 수 있다. 미네랄오일과 같은 유성기제에 그것을 유화시켜 제거하기 위해 비이온성 계면활성제가 배합된다. 이 타입은 사용 시 물을 혼입하여 유화시키는데 세정력 저하로 인하여 젖은 손으로는 사용이 불가능하여 피부가 마른상태에서 러빙 후 물을 묻혀 다시 한 번 러빙하여 유화시키고 물세안을 하는 것을 추천한다. 현재 물이 혼입되어도 세정력이 저하되지 않는 클렌징 오일이 개발되고 있다. 또한 마스카라의 사용률의 증가로 오일타입 사용이 증가되고 있다. 다만 끈적이는 느낌이 들 수 있으므로 건성 피부에게 추천한다.

(5) 클렌징 젤

비이온성 계면활성제와 다가알코올을 이용한 액정기제에 다량의 유분을 첨가한 것으로 유성의 더러움을 재빠르게 용해시킬 뿐 아니라 물로 씻어내는 것만으로도 쉽게 제거가 가능하다. 유분에 예민한 고객에게 100% 수분 클렌징 젤로 인기가 있었으며 멘톨성분을 섞어 산뜻하고 개운한 느낌이 있다. 일상적인 클렌저로 사용 가능하며 남성피부나 지성, 여드름 피부에 적합하다.

(6) 클렌징 워터

오일 성분이 없는 세안제로 산뜻하고 가벼운 사용감을 가진다. 가벼운 메이크업이나 지성피부에 적합하다. 마이크로 에멀젼을 이용한 것도 있다. 그러나 워터로 제거시 미용솜에 묻혀 제거하므로 민감한 피부는 더 예민해 질 수 있어 데일리 클렌저로는 적합하지 않다.

(7) 비누

비누는 지방산의 나트륨염으로 만든 알칼리성 클렌저로서 세안 시 피부의 각질을 과하게 제거할 수 있고, 그와 더불어 NMF의 소실이 눈에 띈다. 또한 pH가 일시적으로 상승하여 알칼리화되어 1차 면역 기관의 기능이 떨어진다. 보통 3시간 정도 후에 pH가 상승되나 민감한 피부는 피부 완충능이 약해 3시간 이후에도 원래의 pH로 돌아오지 않기 때문에 알칼리화되어 피부의 각질층이 연화된 상태로 존재하므로 세균이나 다양한 외부 물질의 침입이 쉽다.

(8) 토너

외국에서는 토너를 세 번째 클렌징 제품으로 분류한다. 세안 후 피부를 유연하게 하고 각질층에 수분을 공급하며, 세안 후 남아 있을 메이크업 잔여물을 제거하여 피부를 청결하게 유지할 목적으로 사용하는 투명하거나 반투명한 액상 제품이다. 또한 세안 후 피부의 pH가 일시적으로 알칼리성을 띠게 되는데, 화장수를 사용함으로써 피부의 pH를 원래의 약산성으로 되돌려 놓는 역할을 하여 피부 pH 회복 시간을 줄여주어 피부의 세균 침투와 외부물질의 침입을 막아준다.

일반적으로 화장수는 70 ~ 80%가 정제수를 기본으로 하여 보습제나 에탄올 등이 첨가된 액상형태의 제품이다. 이는 가용화 현상을 이용한 대표적인 제품이다. 최근에는 제품의 성분을 강조한 마케팅으로 인해 정제수보다는 허브 추출수로 대체하는 추세이다. 또는 마이크로 에멀젼(Micro Emulsion) 기술을 이용한 반투명 화장수, 수용성 고분자 물질을 배합한 점성이 강한 화장수, 소량의 유분을 첨가한 불투명한 화장수도 제조하여 소비자의 니즈에 맞게 개발 유통되고 있다. 일반적으로 기능적 측면에서 유연화장수와 수렴화장수의 두 가지로 구분하며 알코올에 예민한 고객들을 위하여 무알콜 화장수가 출시되기도 한다.

① 유연화장수(Softening Lotion)

유연화장수는 물을 기본으로 하여 보습제와 유연제가 함유되어 있어 피부의 각질층을 촉촉하고 부드럽게 유지시켜 다음 단계의 화장품이 잘 흡수되도록 해주는 부스터의 역할을 한다. 과거에는 유연성을 위해 약알칼리성으로 만들었으나 최근에는 세안 후 일시적으로 알칼리화 된 피부를 약산성 상태인 pH 5.5 ~ 6.5에 맞추어 되돌려 놓으며, 세균의 번식을 막아주는 역할도 한다. 피부 타입이나 연령에 따라 보습제, 에탄올, 수용성 고분자의 양을 다르게 배합하여 다양한 형태의 화장수가 출시되고 있다.

② 수렴화장수(Astringent Lotion)

지성이나 여드름 피부에게 추천하는 제품으로 아스트린젠트(Astringent)라고 불린다. 각질층에 수분과 보습 성분을 공급하고 과도한 피지를 억제하고 모공을 수축시켜 피부결을 가다듬고 정리해 준다. 일시적으로 단백질을 수축시키며 피부에 긴장감을 주고 과잉 분비되는 피지나 땀을 억제하기 때문에 여드름, 지성피부에 많이 사용되는 화장수이다. 피부에 긴장감을 부여하는 성분에는 구연산이 사용된다. 알코올 배합량이 유연화장수에 비해 많아 피부에 청량감과 수렴효과를 부여한다.

③ **무알코올 화장수**(Non-Alcohol)

피부가 약해 알코올에 민감한 사람들을 위한 무알콜 화장수를 말하며 논알코올 화장수라고도 한다.

3) 습포하기

피부 관리 시 고객의 화장품을 제거하거나 피부의 모공 확장(이완) 또는 수축(긴장)을 위하여 피부관리 단계에서 습포를 사용한다.

(1) 온습포

① **온습포의 효과**

온습포는 모공을 확장하여 피부 모공 속 노폐물과 잔여물을 제거해주고 피부의 온도상승으로 혈액순환과 신진대사를 촉진시키게 되어 근육의 이완 및 영양분 흡수를 용이하게 하여 세포의 활성화를 촉진시킨다. 또한 피부각질이 연화되고 피지 분비가 원활해진다.

② **온습포 시 주의사항**

피부관리 시작단계에서 사용하되 온습포의 온도는 너무 높지 않아야 한다. 특히 민감성 피부, 모세혈관 확장 피부, 화농성 여드름 피부는 온습포 사용에 주의해야 하며, 일광화상, 제모, 선탠 후에는 온습포 사용을 금한다.

(2) 냉습포

① **냉습포의 효과**

냉습포는 모공을 수축시켜 피부의 탄력을 높이는 효과가 있다. 온도가 낮으므로 혈관을 수축시켜 여드름 염증이나 붉음증, 소양증을 완화시킨다. 일반적으로 민감성 피부, 모세혈관 확장 피부, 화농성 여드름 피부는 냉습포를 사용하는 것이 안전하다.

② **냉습포 시 주의사항**

피부관리의 마지막 단계에서 사용하며 피부에 도포된 제품을 강하게 제거 시에는 민감한 반응이 나타날 수 있으므로 마찰을 최소화한다.

2 피부 유형별 화장품

1) 정상 피부

- 유분과 수분의 균형이 가장 알맞고 기능이 정상적으로 유지되는 피부이다.
- 피부 표면과 피부 결이 매끄럽고 피지 분비가 정상적이다.
- 클렌징 로션, 클렌징 오일, 클렌징 젤 등을 이용하여 노폐물을 제거한다.
- **추천 화장품 성분** : 히알루론산, 아미노산, 세라마이드, 라벤더, 알로에

2) 건성 피부

- 탄력과 윤기가 없으며, 주름이 생기기 쉽다. 유분과 수분이 부족하여 표면 주름이 생기기 쉬운 피부이다.
- 피부에 피지 분비가 부족하여 수분을 유지하기가 어렵고 비듬처럼 각질이 일어나기 쉬운 피부이다.
- 클렌징 크림, 클렌징 오일 등을 이용하여 노폐물을 제거한다.
- **추천 화장품 성분** : 콜라겐, 엘라스틴, 히알루론산, 아미노산, 세라마이드, AHA, 솔비톨, 레시틴, 해초, 플라센타, 레티놀, 비타민 E, 징코

3) 지성 피부

- 모공이 넓고 각질층이 두껍다. 환경적인 요인도 있지만 유전적 원인이 더 크다.
- 피지가 과다하게 분비되고 피부 표면이 번들거린다.
- 클렌징 젤, 클렌징 폼 등을 이용하여 청결하게 노폐물을 제거한다.
- **추천 화장품 성분** : 레몬, 알로에, 썰퍼, 살리실산, 유칼립투스, 티트리, 라벤더, 클레이, 카올린, 벤토나이트, 캄포

4) 복합성 피부

- 피부에 피지 분비량이 일정치 않아 두 가지 이상의 피부 유형이 나타나는 피부이다.
- 피부 결이 전체적으로 균일하지 않다.
- 클렌징 로션, 클렌징 젤 등을 이용하여 노폐물을 제거한다.

5) 민감성 피부

- 피부 결이 섬세하다.
- 피부가 건조하기 쉬워 자극에 예민하다.
- 피부 조직이 얇아서 자주 붉어지는 경우가 있고 화장품 성분에 민감해지기 쉬우므로 조심해야한다.
- 민감성 전용 클렌징 로션, 클렌징 젤 등을 이용하여 노폐물을 제거한다.
- **추천 화장품 성분** : 아줄렌, 알로에, 판테놀, 알란토인, 캐모마일, 비사볼롤, 위치하젤, 감초, 루틴, 비타민 B, C, K, P

3 전신 클렌징하기

1) 클렌징의 순서

① 고객의 머리카락을 터번으로 깔끔하게 감싼다.
② 알코올로 관리사의 손 소독을 꼭 해야 한다.
③ 제품은 보울(bowl)에 덜어서 사용한다.
④ 부위별로 피부에 맞는 클렌징 제품을 선택하여 가볍고 신속하게 닦아내야 한다.
⑤ 온습포 또는 피부상태에 따라 냉습포로 닦아낸다.
⑥ 토닉으로 전신 피부의 잔여물을 깔끔하게 정돈한다.

2) 부위별 클렌징하기

(1) 등 클렌징하기

• 주의사항

① 관리 부위는 목에서 엉덩뼈 위까지이다.

② 고객의 머리 위에서 진행한다.

③ 등 피부의 상태에 따라 클렌징 제품을 선택한다.

④ 매뉴얼 테크닉과 다르게 근육의 움직임이 없이 피부를 가볍고 신속하게 클렌징 한다.

⑤ 토너를 이용하여 피부결을 정돈한다.

• 등 클렌징 테크닉

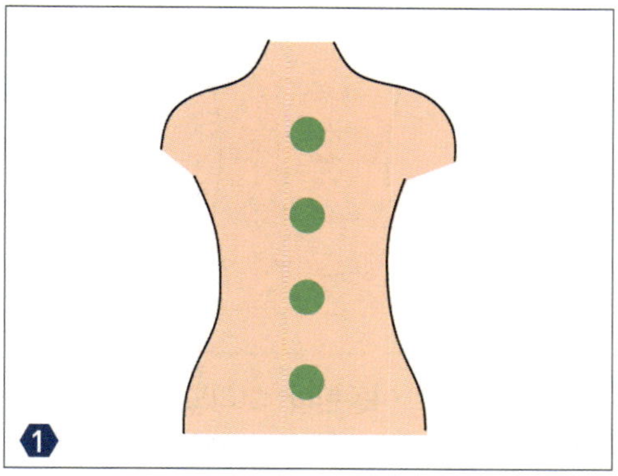

클렌저를 피부에 도포한다.

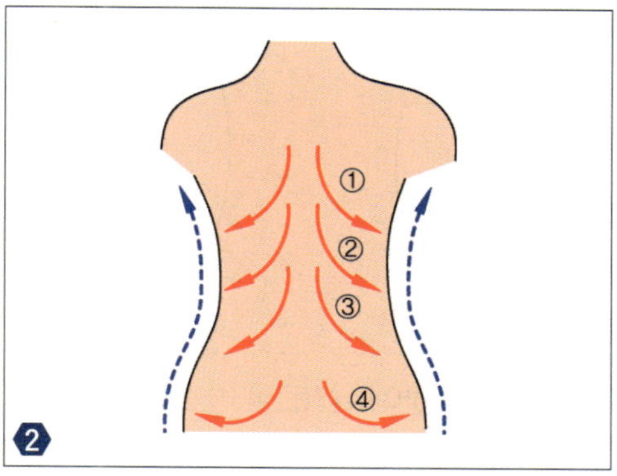

피부에 전체적으로 가볍게 문지른다.(3회)

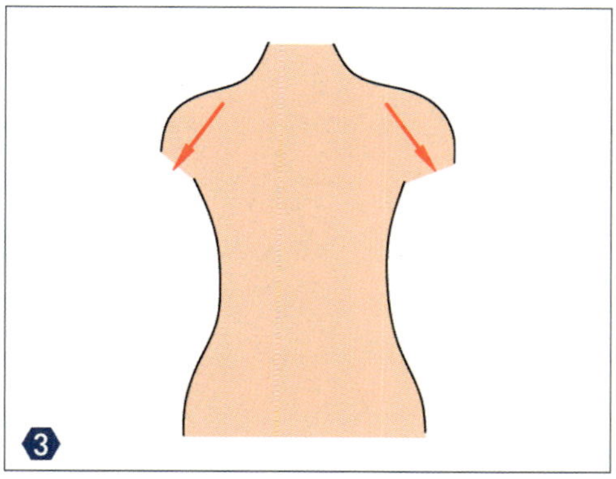

어깨에서 삼각근까지 쓰다듬어 준다.(수회)

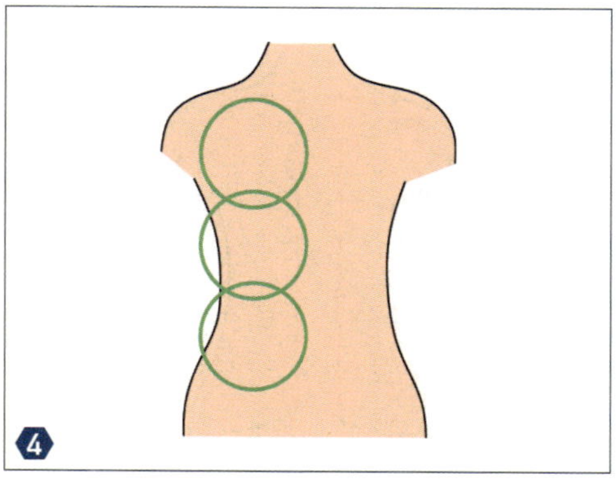

한쪽 등을 큰 원을 그리며 문지르며 내려가서 옆라인 타고 액와방향으로 올라온다.(3회)

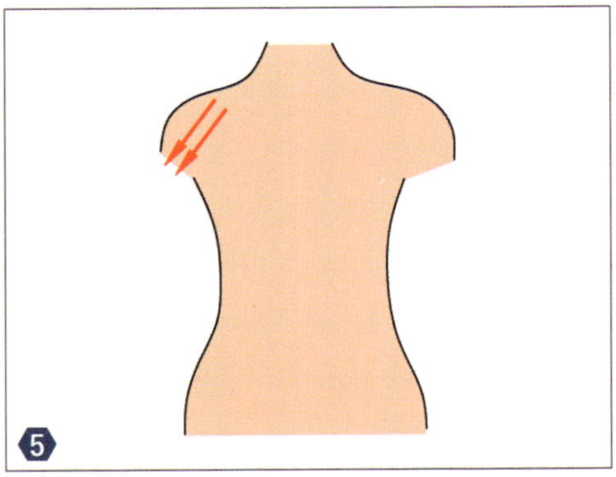

5

두 손을 이용하여 삼각근을 세심히 쓰다듬어 준다.(수회)

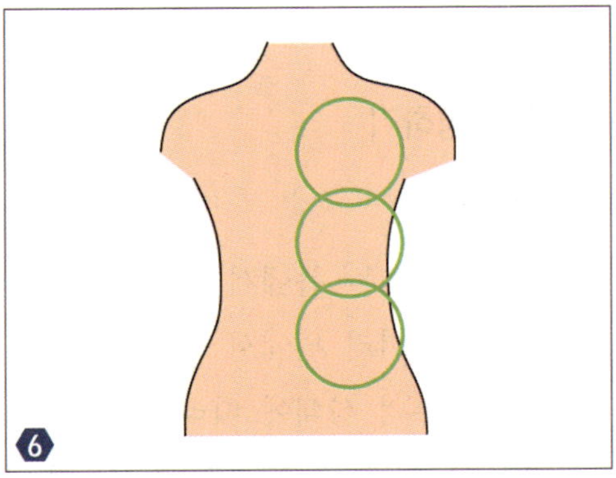

6

반대쪽 등을 큰 원을 그리며 문지르며 내려간다.(3회)

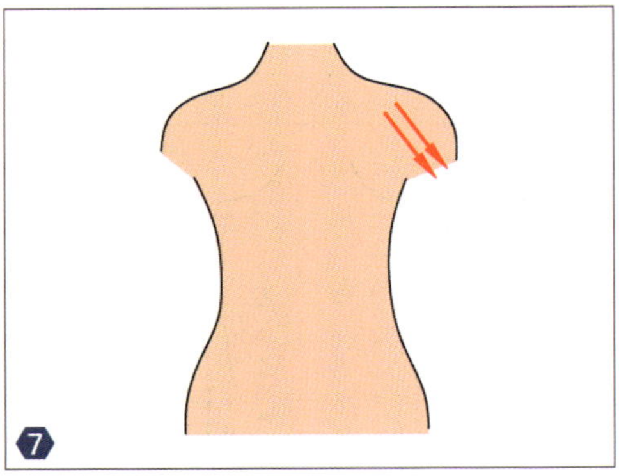

7

두 손을 이용하여 삼각근을 세심히 쓰다듬어 준다.(수회)

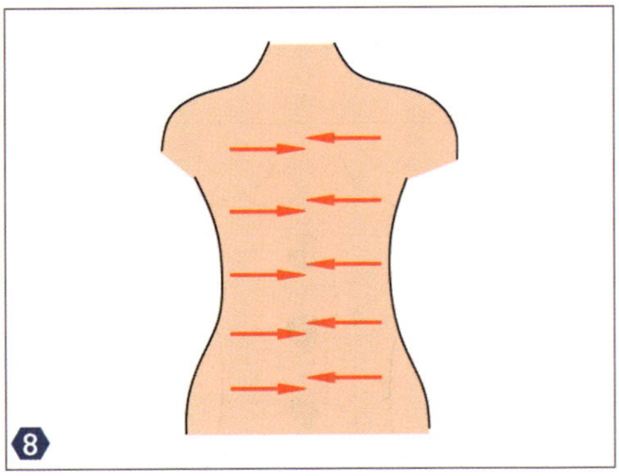

8

고객의 옆으로 이동한다. 그리고 각 손을 좌우 옆라인에 두고 모으듯 등 전체를 반죽해 준다.(3회)

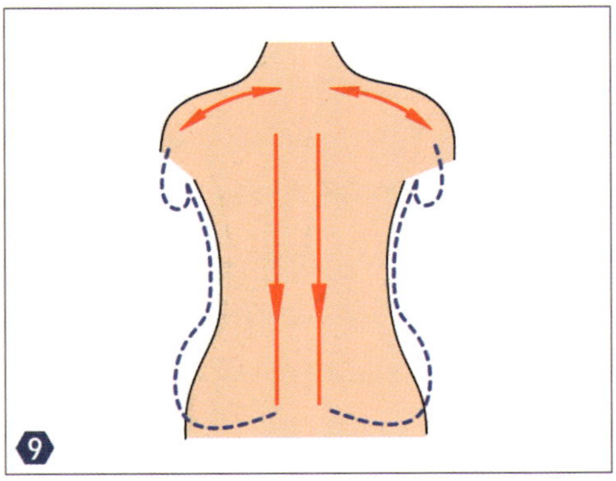

9

등 전체를 쓸어준 후 마지막 마무리로 어깨를 둥글려 준 후 목에서 마무리한다.(3회)

• 등 습포 테크닉

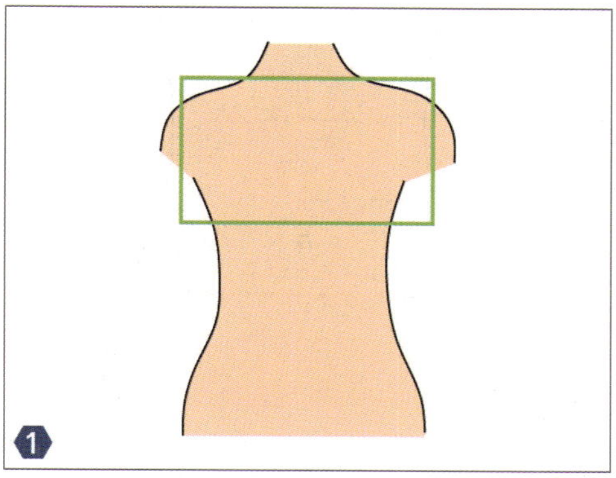

1/3 등분사이즈의 온습포를 견갑라인에 올려 두고 견갑골을 가볍게 스트레칭한다.

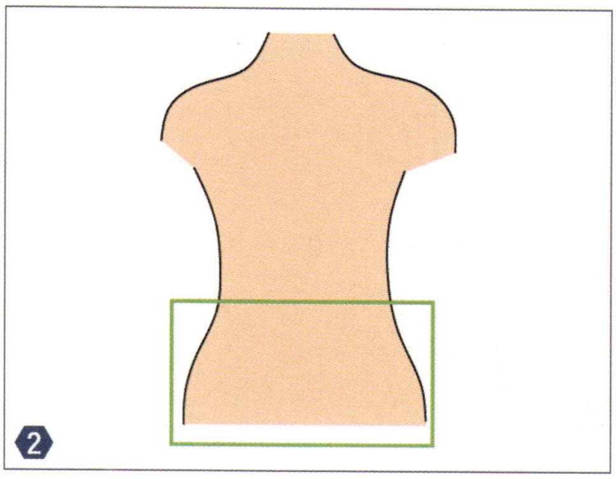

둔부방향으로 밀어준 후 천골을 가볍게 스트레칭한다.

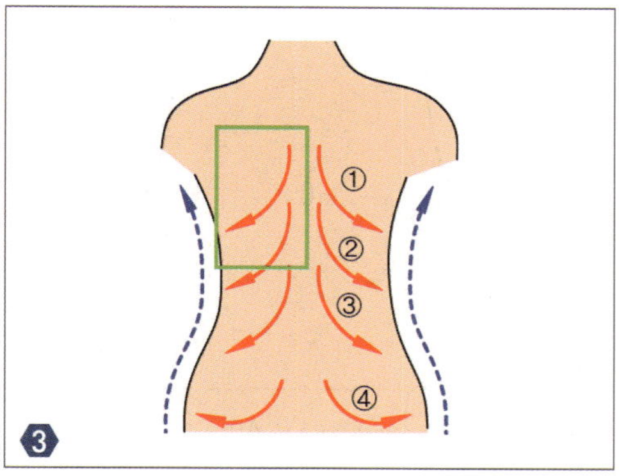

손에 글러브로 접어서 반쪽씩 등을 순서대로 닦아준다.

(2) 복부 클렌징하기

• 주의사항

① 관리 부위는 늑골 아래에서 서혜부 윗라인까지이다.

② 고객의 복부 옆에서 진행한다.

③ 복부 피부의 상태에 따라 클렌징 제품을 선택한다.

④ 고객의 호흡에 맞춰서 진행하며 장기가 있으므로 강하게 누르지 않도록 한다.

⑤ 매뉴얼 테크닉과 다르게 근육의 움직임 없이 피부를 가볍고 신속하게 클렌징 한다.

⑥ 토닉까지 마무리 후 수분이 남아 있을 시 핸드드라이하여 말린다.

• 복부 클렌징 테크닉

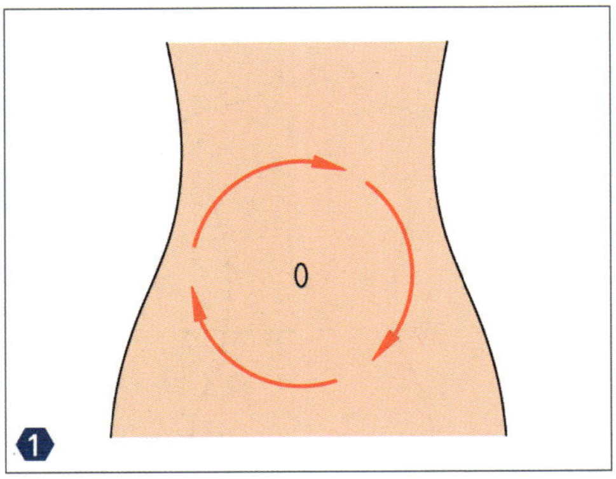

클렌저를 손에서 러빙하여 시계방향으로 쓸어 준다.(5회)

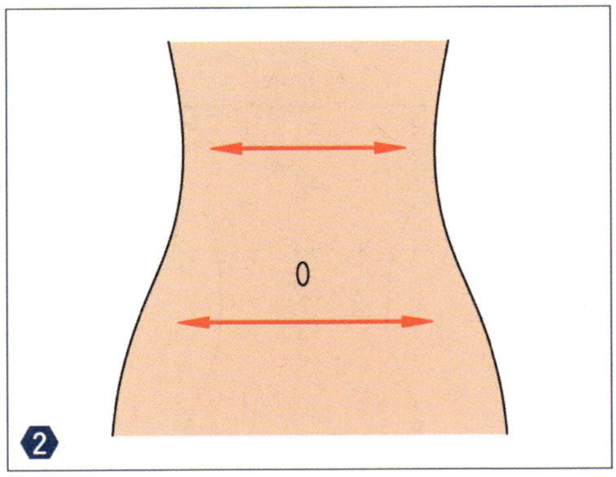

양손 복부 교대로 쓸어준다.(3회)

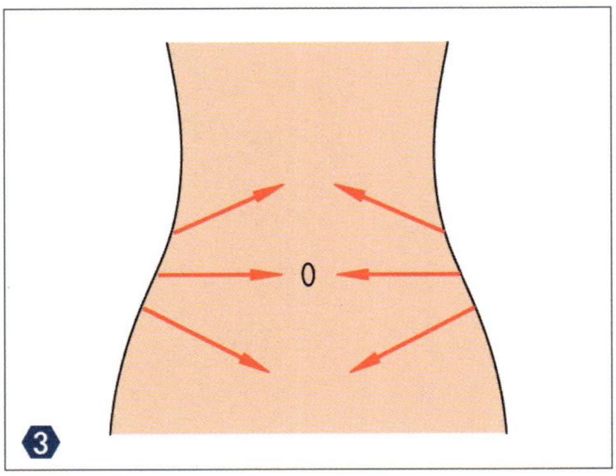

양 손을 엇갈리며 바깥쪽 허리에서 안쪽 배꼽 부분으로 쓸어서 펴 바르기 한다.(5회)

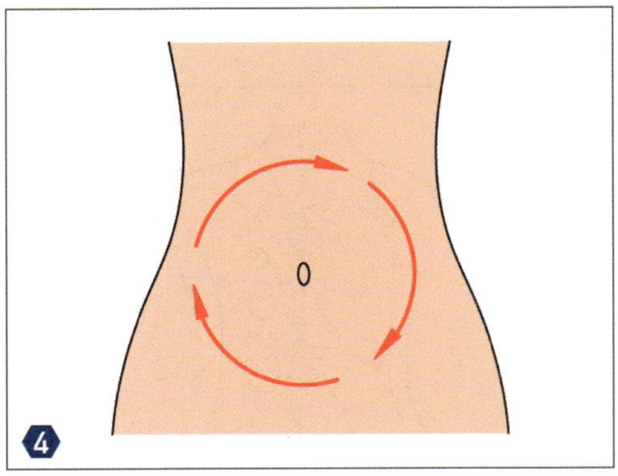

시계방향으로 쓸어준다.(5회)

• 복부 습포 테크닉

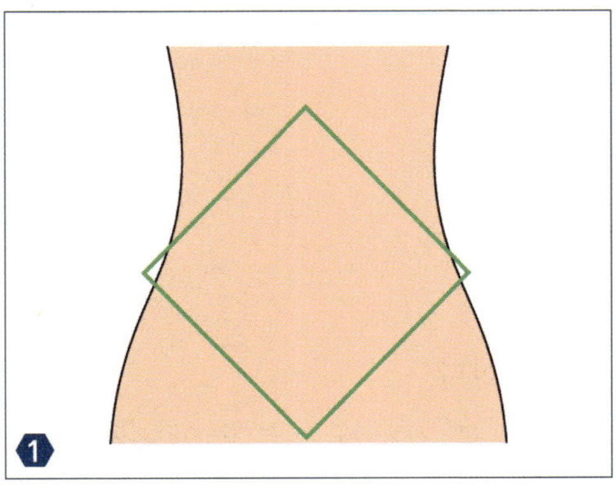

온습포를 반으로 접어 그림과 같이 얹어 온기를 느끼게 한다.

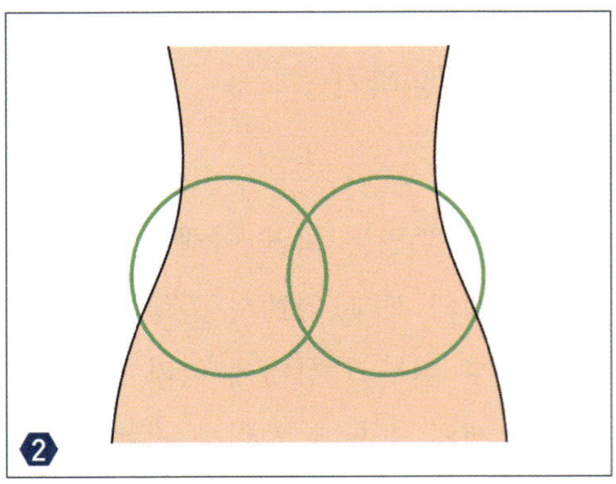

습포를 글러브로 만들어서 둥글려 닦아주고, 늑골과 서혜부 라인을 한번 더 세심히 닦아 준다.

(3) 손, 팔 클렌징하기

• **주의사항**

① 관리 부위는 어깨에서 손끝까지이다.
② 고객의 팔 옆에서 진행한다.
③ 손, 팔 피부의 상태에 따라 클렌징 제품을 선택한다.
④ 매뉴얼 테크닉과 다르게 근육의 움직임이 없이 피부를 가볍고 신속하게 클렌징 한다.
⑤ 토너를 이용하여 피부결을 정돈한다.

• **손, 팔 클렌징 테크닉**

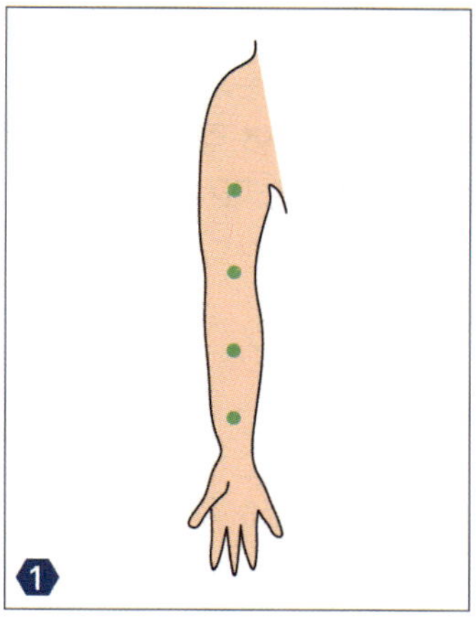

클렌저를 피부에 도포한다.

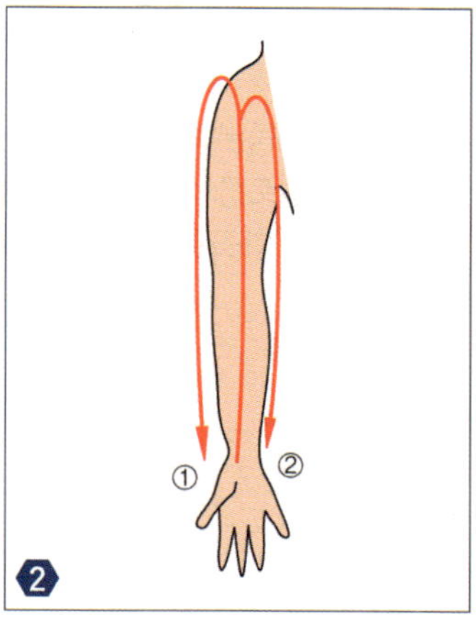

클렌저를 손에서 러빙하여 손끝에서 어깨방향으로 쓸어준다.(5회)

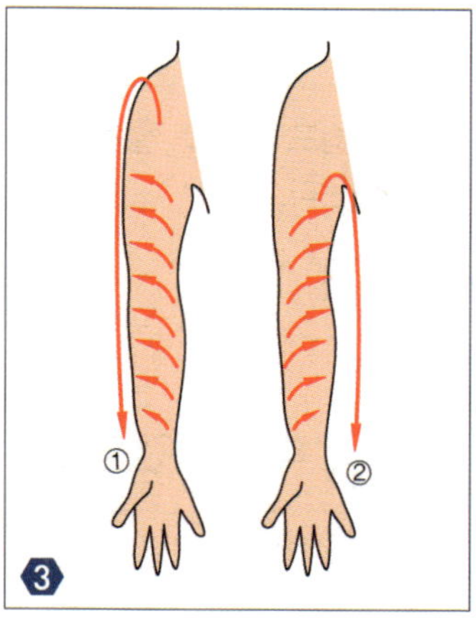

엄지를 이용하여 팔 바깥쪽, 안쪽 나선형 그려 올라가 손바닥으로 쓸어내린다.(3회)

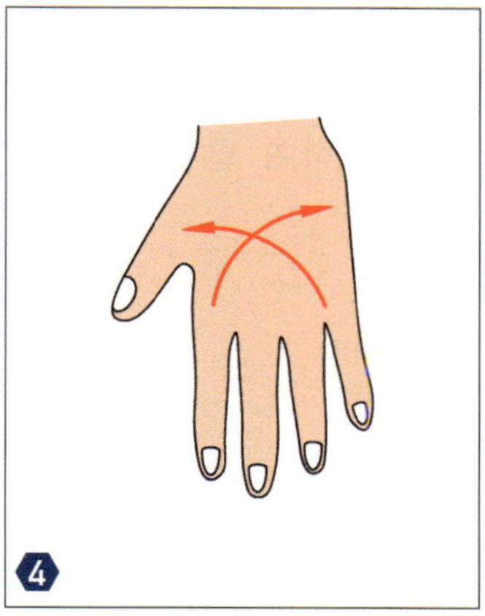

등, 손바닥을 수근으로 교차하며 문지른다.(수회)

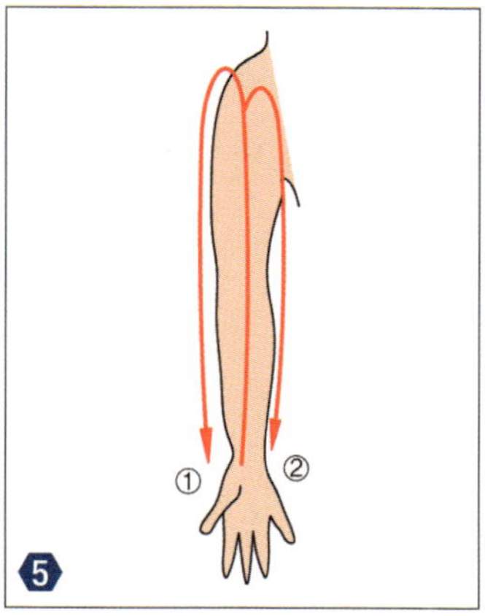

다시 1번 동작을 반복하며 마무리한다.(3회)

• 손, 팔 습포 테크닉

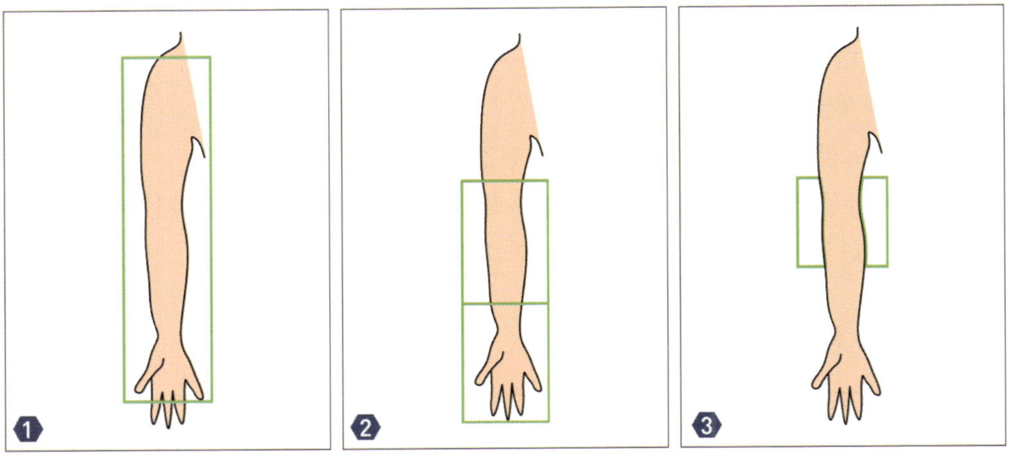

1	2	3
온습포 전체를 펼쳐서 팔 위에 얹는다.	팔을 세등분하여 닦아내려 올 때마다 습포를 삼등분하여 접어 내려가며 깨끗한 부위로 닦는다.	팔을 들어 접힌 습포로 닦아 내려온 후 펴서 손가락을 하나씩 닦아준다.

(4) 발, 다리 클렌징하기

• 주의사항

① 관리 부위는 둔부에서 발끝까지이다.

② 고객의 다리 옆에서 진행한다.

③ 알콜솜을 이용해 발가락 사이사이를 닦아준다.

④ 발, 다리 피부의 상태에 따라 클렌징 제품을 선택한다.

⑤ 매뉴얼 테크닉과 다르게 근육의 움직임 없이 피부를 가볍고 신속하게 클렌징한다.

⑥ 토닉까지 마무리 후 수분이 남아 있을 시 핸드 드라이하여 말린다.

• 발, 다리 클렌징 테크닉

– 뒷면 다리

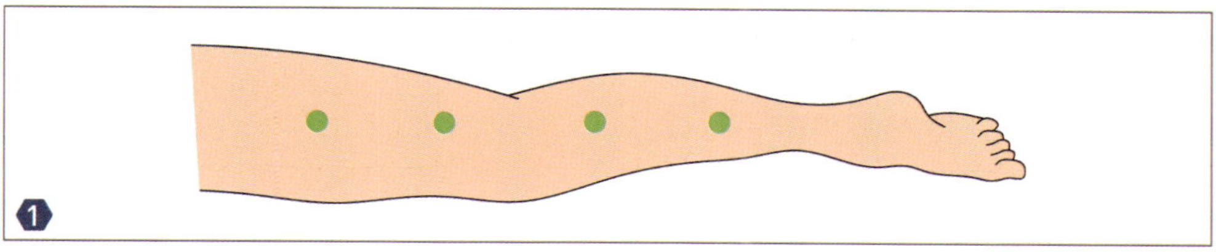

클렌저를 피부에 도포한다.

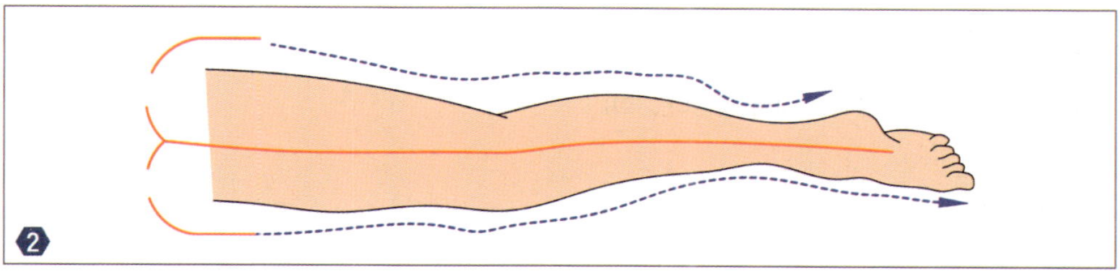

발뒤부터 허벅지까지 쓸어올라간 후 옆라인으로 돌아 내려와 발바닥을 쓰다듬는다.(3회)

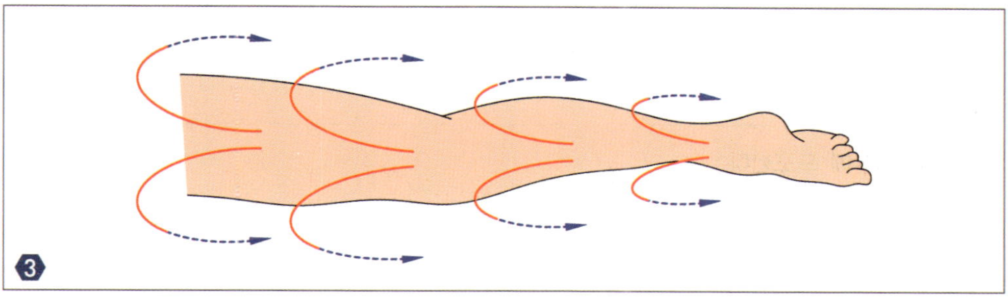

손바닥으로 하트를 그리며 올라간다.(3회)

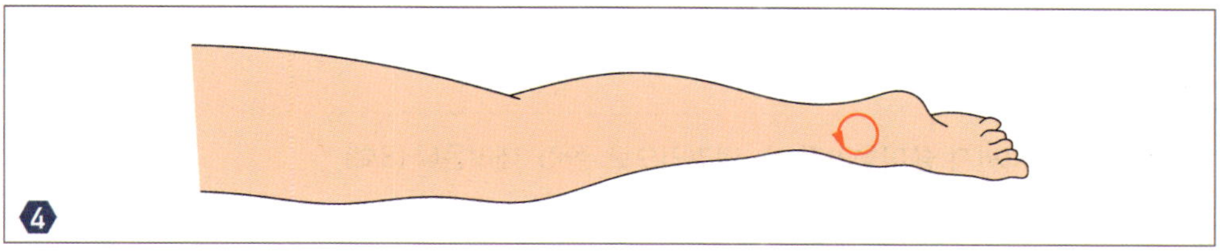

아킬레스건과 발뒷굼치를 손바닥으로 가볍게 쥐듯이 쓰다듬는다.(수회)

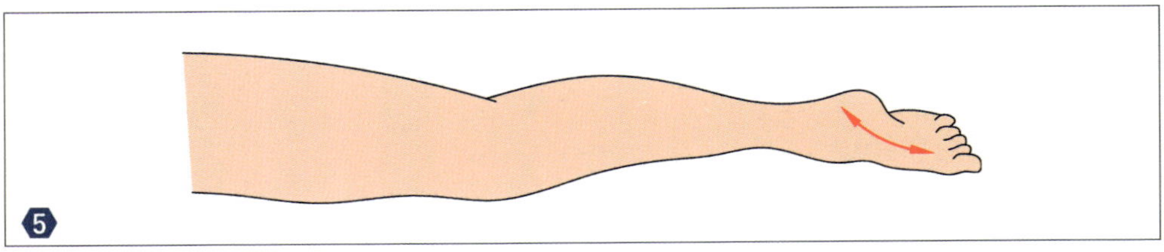

5

엄지를 이용해 발바닥과 발가락을 왕복으로 문지른다.(수회)

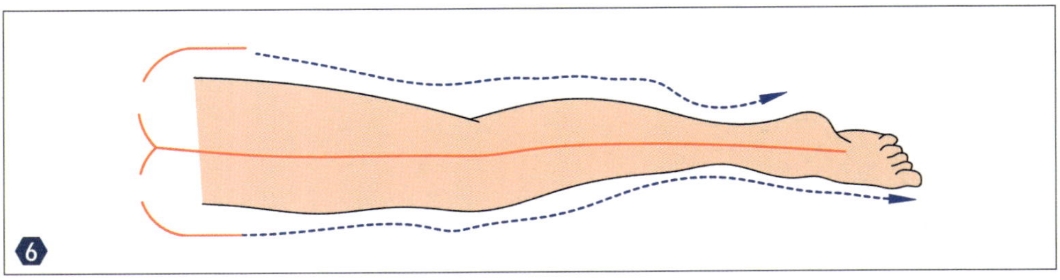

6

다시 1번 동작을 반복하며 마무리한다.(3회)

– 앞면 다리

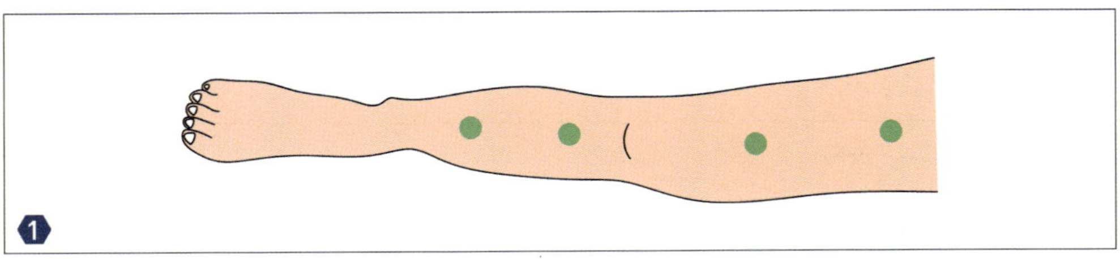

1

클렌저를 피부에 도포한다.

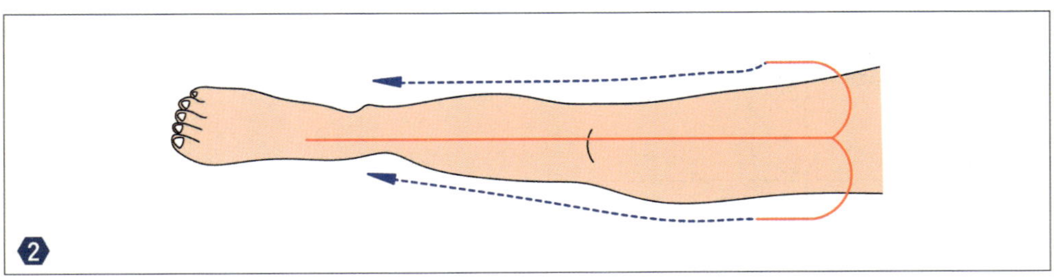

2

발등부터 허벅지까지 쓸어올라간 후 옆라인으로 돌아 내려온다.(3회)

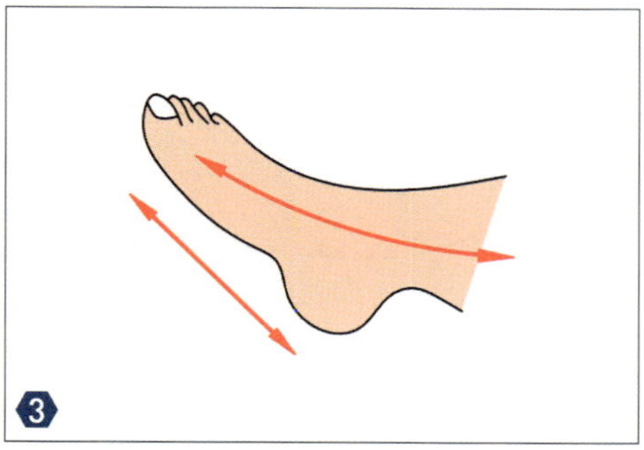

손바닥을 이용해 발등과 바닥을 쓸어준다.(수회)

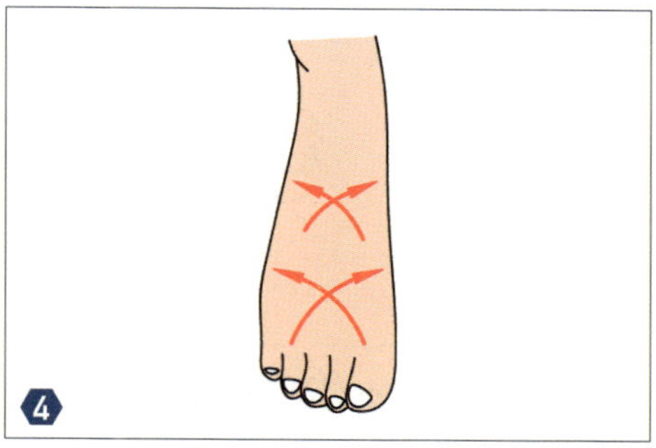

엄지손가락으로 발등을 쓸어준다.(수회)

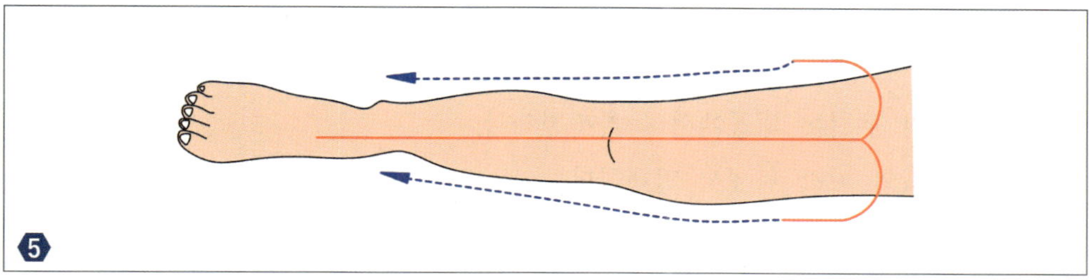

다시 1번 동작을 반복하며 마무리한다.(3회)

– 발, 다리 습포 테크닉

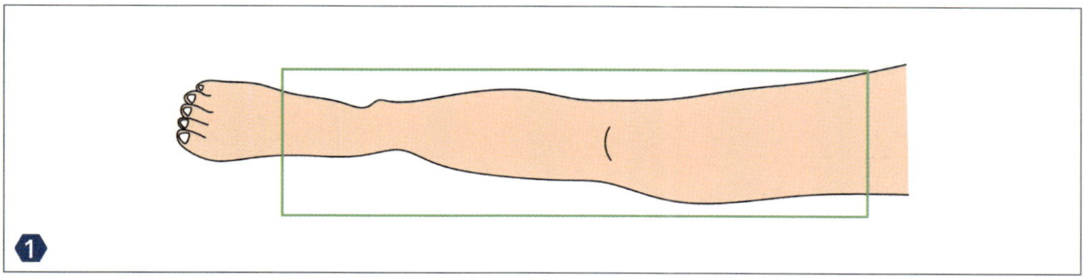

온습포 전체를 펼쳐서 다리 위에 얹는다.

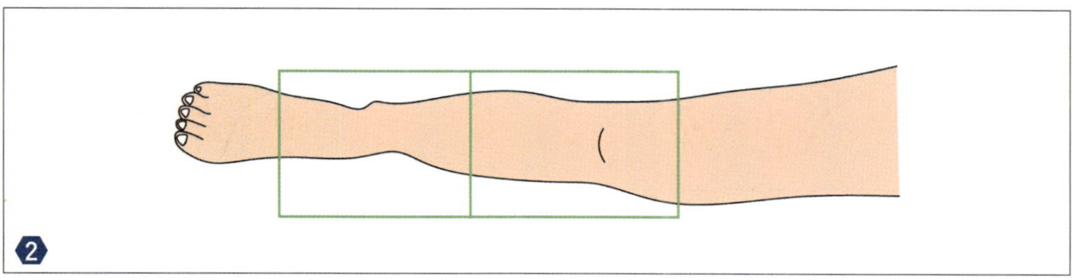

다리를 세등분하여 닦아내려 올 때 마다 습포를 삼등분하여 접어내려가며 깨끗한 부위로 닦는다.

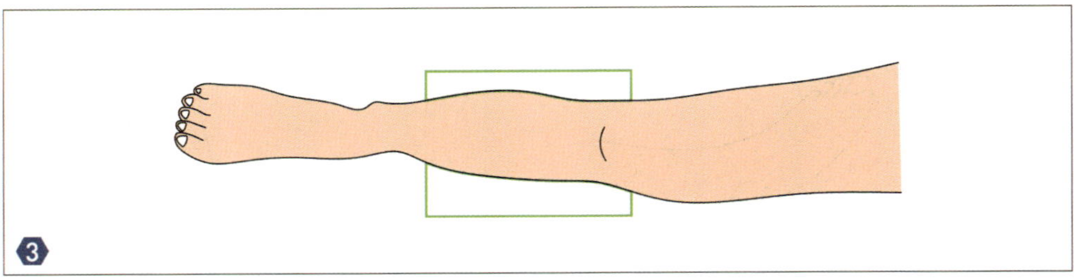

다리를 들어 접힌 습포로 닦아 내려온 후 펴서 발가락을 하나씩 닦아준다.

(5) 가슴 클렌징하기

• 주의사항

① 관리 부위는 쇄골에서 늑골까지이다.
② 고객의 머리 위에서 진행한다.
③ 유두는 유선과 연결되어 있으므로 테크닉하지 않는다.
④ 가슴 피부의 상태에 따라 클렌징 제품을 선택한다.
⑤ 매뉴얼 테크닉과 다르게 근육의 움직임이 없이 피부를 가볍고 신속하게 클렌징한다.
⑥ 토너를 이용하여 피부결을 정돈한다.

• 가슴 클렌징 테크닉

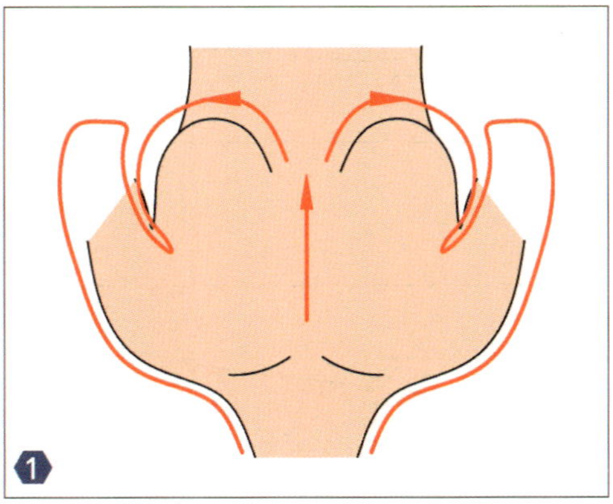

클렌저를 손에서 러빙하여 흉골라인을 따라 내려갔다가 가슴 밑라인 – 액와 팔안쪽 – 어깨라인으로 돌아온다.(5회)

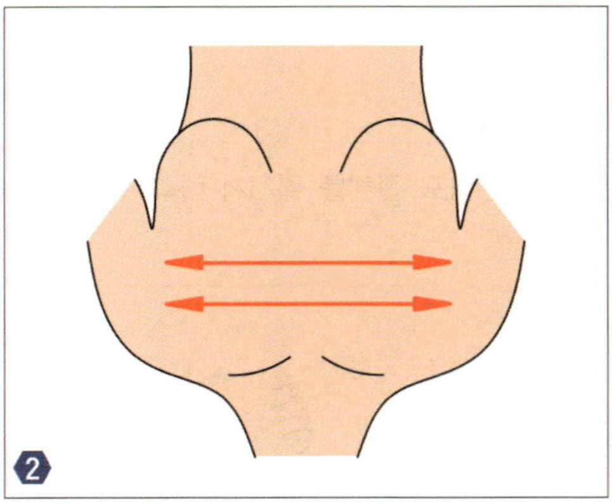

데콜데를 좌우로 쓰다듬는다.(수회)

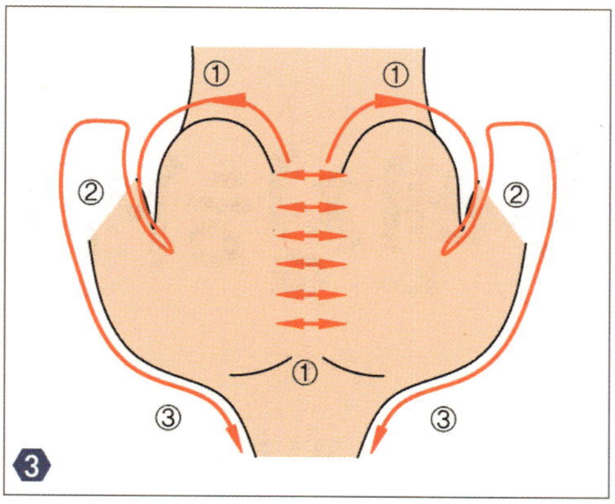

엄지손가락을 이용하여 흉골을 교차하며 내려가서 가슴 밑라인 – 액와 – 팔안쪽 – 어깨라인으로 돌아온다.(3회)

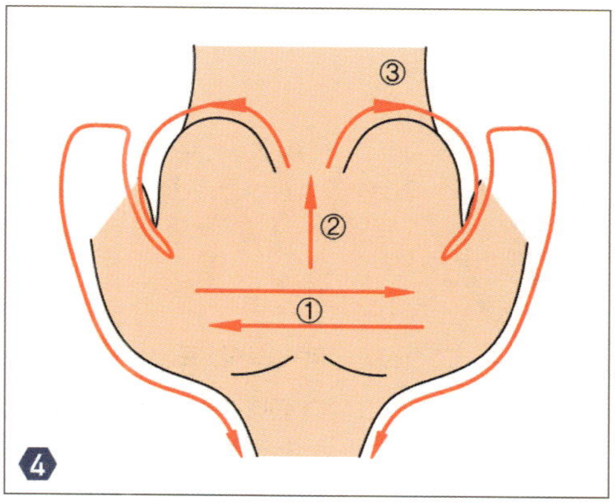

데콜데를 쓰다듬고 다시 1번 동작을 반복한다.(1회)

• 가슴 습포 테크닉

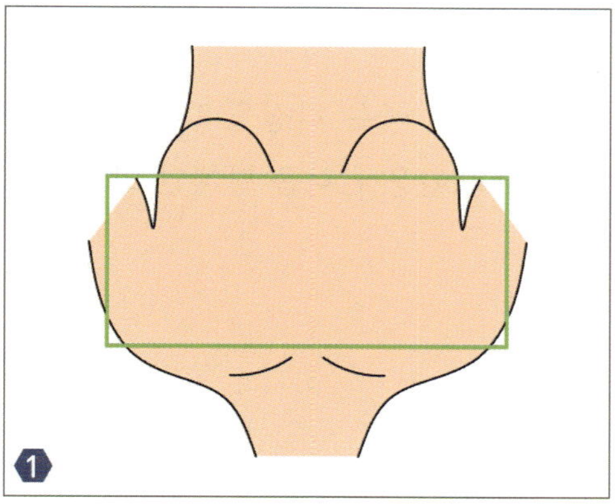

가슴 위에 온습포를 얹고 어깨를 가볍게 눌러준다.

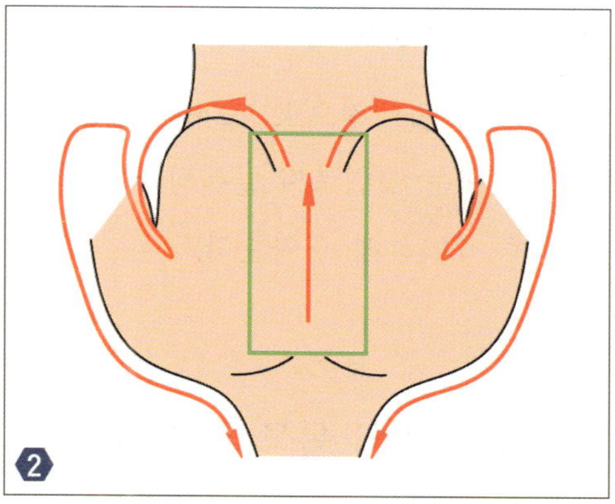

습포를 글러브로 만들어 가슴과 액와 및 팔, 어깨를 세심하게 닦아준다.

CHAPTER 2

전신 딥클렌징하기

학·습·목·표

- 몸매 피부 유형별 딥클렌징 제품을 선택할 수 있다.
- 딥클렌징 제품의 특성에 따라 몸매 피부 유형에 맞게 적용하여 사용할 수 있다.
- 해당 피부미용 기기를 활용할 수 있다.

1 딥클렌징의 개요

1) 딥클렌징의 정의

1차 클렌징으로 닦아지지 않는 모공 속의 노폐물, 죽은 각질을 2차 클렌징으로 닦아 내는 행위로써 클렌징 제품과 피부미용 기기를 활용해 다음 단계인 영양물질 흡수를 용이하게 도와준다.

2) 딥클렌징의 목적 및 효과

딥클렌징은 클렌징으로 제거되지 않는 모공 속의 노폐물 및 피지를 제거할 수 있기 때문에 청결상태를 높일 수 있는 단계이다. 혈액순환의 촉진으로 피부표면을 부드럽게 하고 혈색을 좋게 해주고, 각질층의 미세 연마작용으로 피부결 관리 및 간접 재생 효과를 준다. 그리고 다음 단계의 화장품 유효성분의 침투를 촉진시키는 기능을 한다. 딥클렌징은 물리적 방법과 화학적 방법, 기기를 이용한 방법으로 구성되어 있다. 일반적으로 피부 관리실에서는 스크럽을 이용한다.

(1) 물리적 방법

① **스크럽**(Scrub)

알갱이의 연마 성질을 이용해 물리적으로 피부 표면의 각질을 제거하는 방법이다. 알갱이는 천연의 씨앗, 조개껍데기 등을 사용하기도 하나 모양이 불규칙하고 거칠기 때문에 피부의 민감화나 스크래치가 생길 수 있다. 그래서 최근에는 합성 알갱이를 많이 사용하는 추세이다. 스크럽은 예민해질 수 있기 때문에 심한 러빙은 피하고 마사지 동작이 아닌 부드러운 관리가 진행되어야 한다. 눈이나 코, 입에 들어가지 않도록 주의해야 한다. 피부가 두껍고 칙칙한 안색인 피부에 사용하면 효과적이다. 단, 화농성 여드름, 흉터가 심한 피부, 민감성, 혈관 확장 피부에 사용을 금한다.

② **고마쥐**(Gommage)

효소를 크림제형으로 제조한 제형으로, 제품을 도포 후 마르면 손을 이용하여 물리적으로 밀어서 제품과 함께 각질을 탈락시키는 방법이다. 제거 시에 눈, 코, 입에 들어가지 않도록 주의하며 홍반, 모세혈관 확장성 피부, 화농성 피부에는 적합하지 않다.

(2) 화학적 딥클렌징

① **효소**(Enzyme)

효소는 촉매작용이 있어 화학적으로 죽은 각질을 분해하며, 대표적인 효소에는 파파인, 브로멜린, 라이스브랜 등이 있으며, 효소가 가장 활발히 활동하기 위해 온도(37℃), 습도(70%), pH(5~7)의 적합한 조건에서 활성화가 된다. 모든 피부에 적용 가능하며, 특히 건성 및 예민성 피부에 적합하다.

② AHA(α –hydroxy Acid)

AHA는 화학적 딥클렌징으로 과일 및 채소에서 자연적으로 발생되는 친수성 천연산이다. 피부에 사용 가능한 허용기준은 농도 10% 미만, pH 3.5 이상이어야 하며 그 이상의 농도는 의료기관에서 가능하다. Glycolic acid(사탕수수 추출 유기산), Lactic Acid(젖산), Malic Acid(사과산), Tartaric Acid(포도산), Citric Acid(감귤류 추출 유기산)으로 구성되어 있고 각질탈락을 통한 간접 재생 및 보습의 기능을 가지고 있어 건성, 노화 피부에 적합하다. 다만 민감 피부는 주의해야 한다.

③ BHA(β-hydroxy Acid)

버드나무 껍질, 윈터그린, 자작나무에서 추출된 친유성 각질제거제로 대표적으로 살리실산(Salicylic acid)이 있다. 친유성이기 때문에 모공 안쪽 각질도 제거가 가능하다. 살리실산은 아스피린의 파생물이기 때문에 항염기능이 있어 여드름 관련 화장품에 포함되기도 한다. 각질제거제로 0.5~2% 농도를 사용하며 8~12% 농도는 사마귀 제거로 사용될 만큼 강한 효과를 가진다. 아스피린에 알레르기 반응을 보인다면 BHA의 사용을 금한다.

(3) 기계를 이용한 딥클렌징

① **전동브러쉬**(Frimator)

클렌저를 도포한 후 브러시의 회전을 통해 물리적으로 각질을 제거하는 방법이다. 대표적인 기계로는 프리마톨이 있다. 자극이 적은 부드러운 천연모를 사용하여 모공 및 묵은 각질을 제거한다. 피부에 자극이 없는 부드러운 천연 털의 브러시를 선택하여 미리 손등에 회전 속도를 테스트한다. 회전을 통한 마찰이기 때문에 미세 혈액순환 및 신진대사 활성화에 도움이 되며 노폐물을 배출하기 때문에 림프순환에 도움이 된다. 딥클렌징 효과가 있으므로 안색이 맑아진다.

사용 시 브러시를 직각으로 피부에 닿도록 해서 회전시킨다. 가볍게 밀착시키지 않고 압을 가하면 예민해질 수 있다. 피부타입에 따라 브러시의 터치를 조절해야 한다. 지성피부는 거친 브러시를 빠르게 적용하고, 건성피부는 부드러운 브러시로 느리게 적용한다.(일반적으로 회전속도를 조절할 수 있다.) 사용한 브러시는 중성세제에 세척해서 자외선 살균기에 소독 후 건조시켜야 한다. 단, 모세혈관 확장피부, 화농성 피부, 알레르기, 일광 화상, 제모 후, 상처가 있는 피부는 사용을 금한다.

2 전신 딥클렌징하기

1) 딥클렌징의 순서

(1) 효소(Enzyme)

① 고객의 머리카락을 터번으로 깔끔하게 감싼다.
② 알코올로 관리사의 손소독을 꼭 해야 한다.
③ 파우더와 물을 보울(bowl)에 적당량 섞어 충분히 개어준다.
④ 일정한 두께로 붓을 이용해 부위별로 펴 바른다.
⑤ 스팀을 분사하거나 따뜻한 온습포를 올려놓는다.
⑥ 10~15분 경과 후 온습포를 이용하여 깨끗하게 닦아낸다.
⑦ 토너를 이용하여 피부결을 정돈한다.

(2) 스크럽(Scrub)

① 고객의 머리카락을 터번으로 깔끔하게 감싼다.
② 알코올로 관리사의 손소독을 꼭 해야 한다.
③ 알갱이가 있는 스크럽을 보울(bowl)에 덜어 부위별로 골고루 바른다.
④ 5~7분 정도 지난 후에 물을 손에 적시면서 문지른다.
⑤ 온습포를 이용하여 깨끗하게 닦아낸다.
⑥ 토너를 이용하여 피부결을 정돈한다.

(3) AHA(α-hydroxy Acid), BHA(β-hydroxy Acid)

① 고객의 머리카락을 터번으로 깔끔하게 감싼다.
② 알코올로 관리사의 손소독을 꼭 해야 한다.
③ 제품을 보울(bowl)에 덜어 브러시로 골고루 바른다.
④ 10분 정도 지난 후에 냉습포를 이용하여 깨끗하게 닦아낸다.
⑤ 토너를 이용하여 피부결을 정돈한다.

(4) 후리마톨(Frimator)

① 고객의 머리카락을 터번으로 깔끔하게 감싼다.
② 알코올로 관리사의 손소독을 꼭 해야 한다.
③ 제품을 보울(bowl)에 덜어 부위별로 펴 바른다.
④ 선택된 브러시로 본인의 손등에 회전속도를 테스트한다.
⑤ 몸매 근육결에 따라 브러시를 회전시킨다.
⑥ 3 ~ 5분 정도로 딥클렌징한다.(피부 유형에 따라 시간은 조절할 수 있다.)
⑦ 온습포를 이용하여 깨끗하게 닦아낸다.
⑧ 토너를 이용하여 피부결을 정돈한다.

2) 부위별 클렌징하기(스크럽 기준)

(1) 등 딥클렌징하기

• 주의사항

① 관리 부위는 목에서 엉덩뼈 위까지이다.
② 고객의 머리 위에서 진행한다.
③ 등 피부의 상태에 따라 딥클렌징 제품을 선택한다.
④ 매뉴얼 테크닉과 다르게 근육의 움직임이 없이 피부를 가볍고 신속하게 딥클렌징 한다.
⑤ 토너를 이용하여 피부결을 정돈한다.

• 등 딥클렌징 테크닉

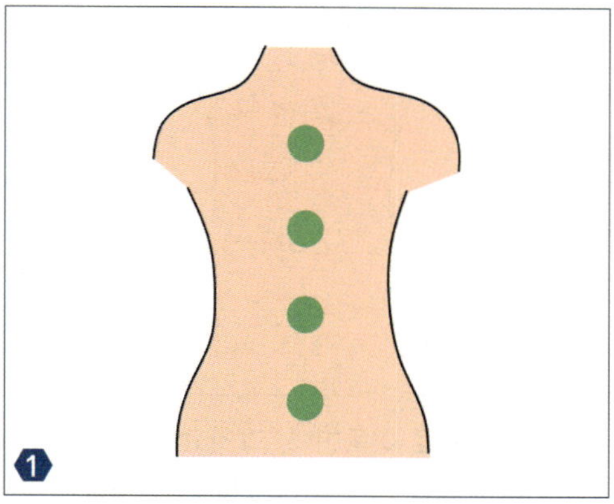

딥클렌저를 피부에 도포한다.

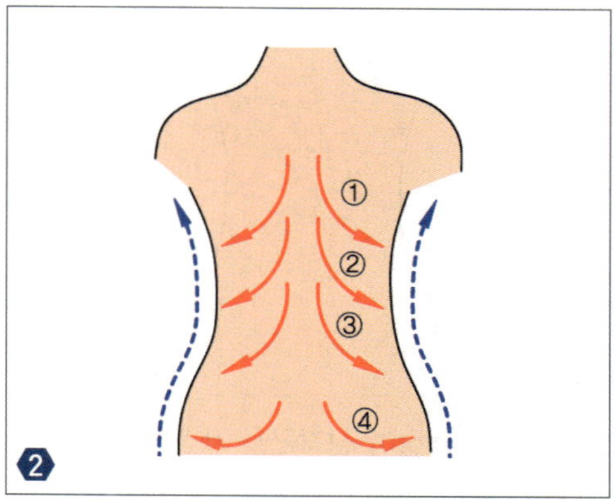

피부에 전체적으로 가볍게 문지른다.(3회)

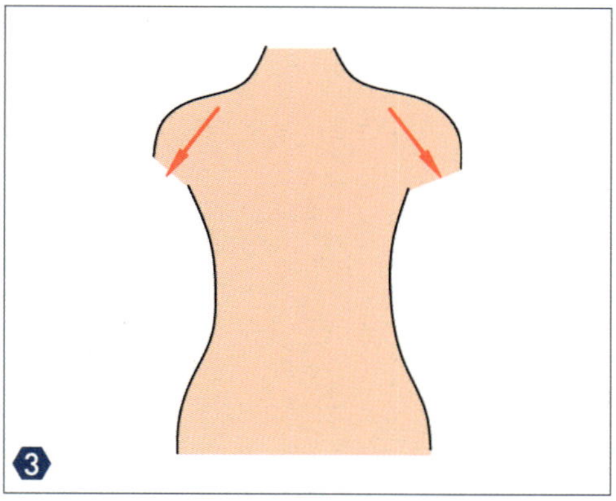

어깨에서 삼각근까지 쓰다듬어 준다.(수회)

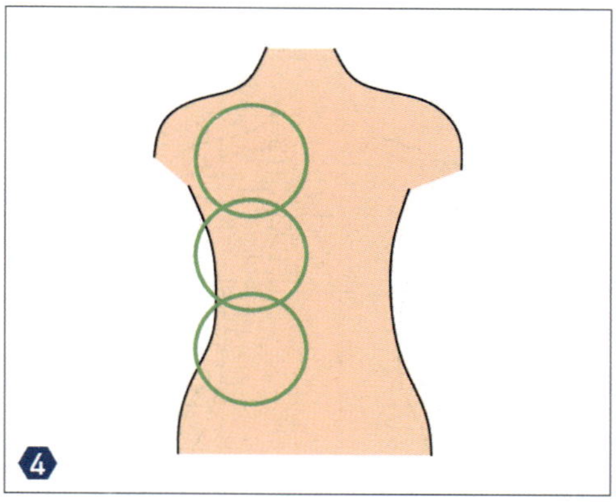

한쪽 등을 큰 원을 그리며 문지르며 내려가서 옆라인 타고 액와방향으로 올라온다.(3회)

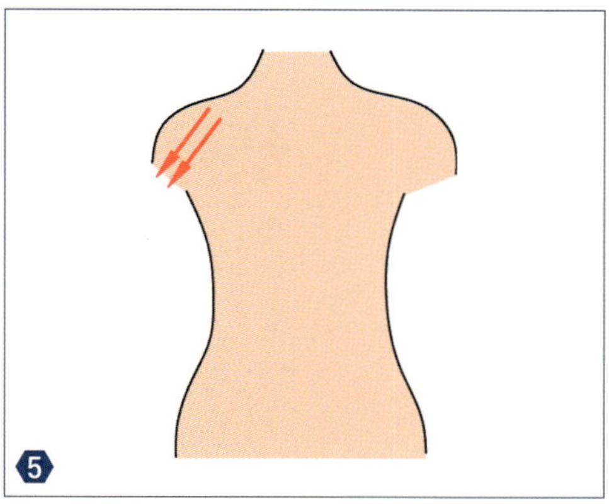

두 손을 이용하여 삼각근을 세심히 쓰다듬어 준다.(수회)

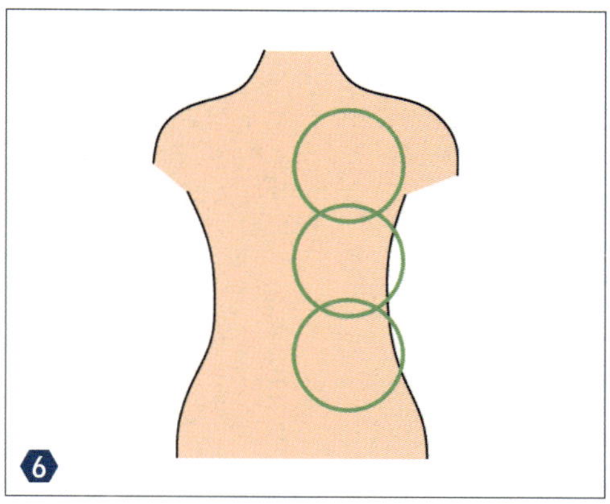

반대쪽 등을 큰 원을 그리며 문지르며 내려 간다.(3회)

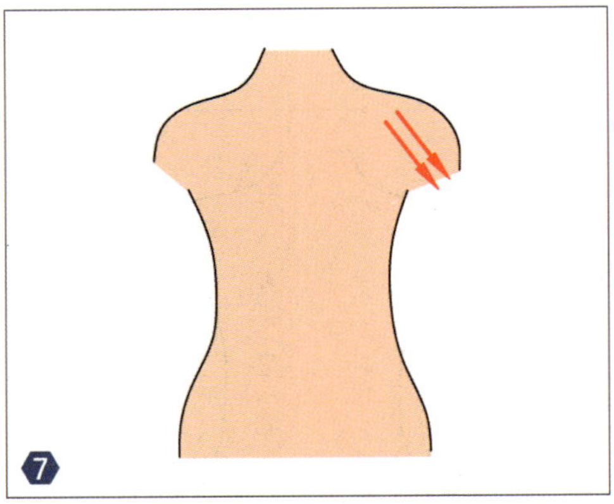

두 손을 이용하여 삼각근을 세심히 쓰다듬어 준다.(수회)

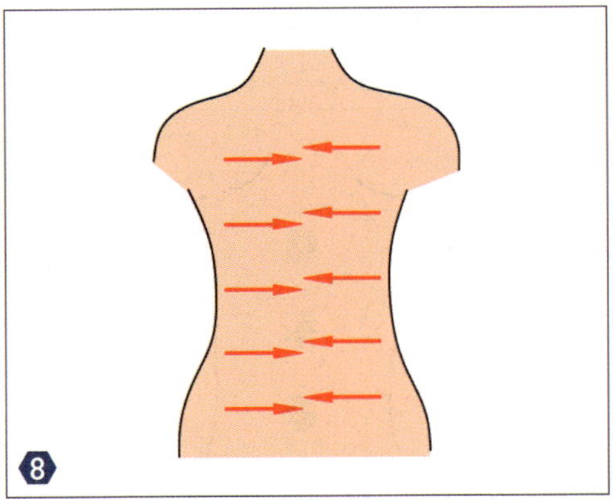

고객의 옆으로 이동한다. 그리고 각 손을 좌우 옆라인에 두고 모으듯 등 전체를 반죽해 준다.(3회)

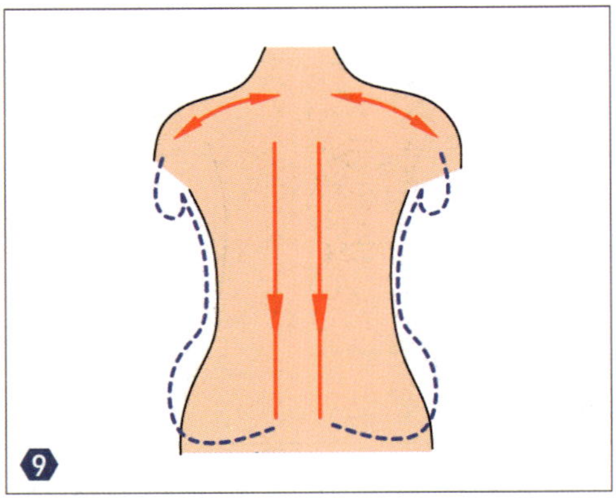

등 전체를 쓸어준 후 마지막 마무리로 어깨를 둥글려 준 후 목에서 마무리한다.(3회)

(2) 복부 딥클렌징하기

• 주의사항

① 관리 부위는 늑골 아래에서 서혜부 윗라인까지이다.

② 고객의 복부 옆에서 진행한다.

③ 복부 피부의 상태에 따라 딥클렌징 제품을 선택한다.

④ 고객의 호흡에 맞춰서 진행하며 장기가 있으므로 강하게 누르지 않도록 한다.

⑤ 매뉴얼 테크닉과 다르게 근육의 움직임이 없이 피부를 가볍고 신속하게 딥클렌징 한다.

⑥ 토너를 이용하여 피부결을 정돈한다.

• 복부 딥클렌징 테크닉

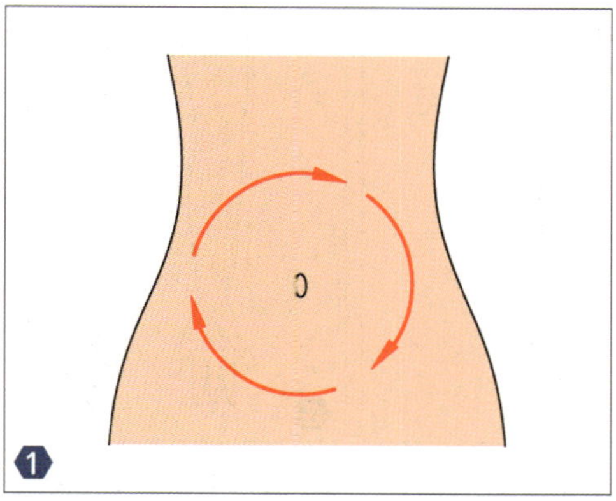

딥클렌저를 손에서 러빙하여 시계방향으로 쓸어준다.(5회)

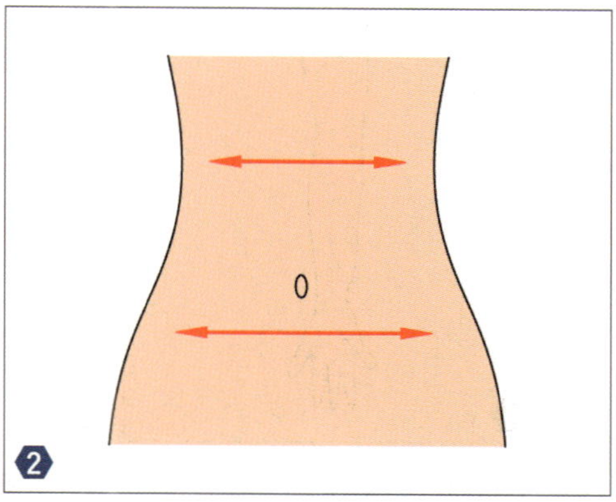

양손 복부 교대로 쓸어준다.(3회)

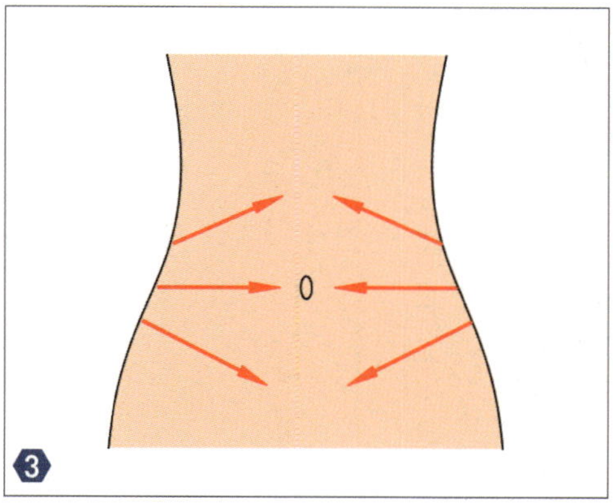

양 손을 엇갈리며 바깥쪽 허리에서 안쪽 배꼽 부분으로 쓸어서 펴 바르기 한다.(5회)

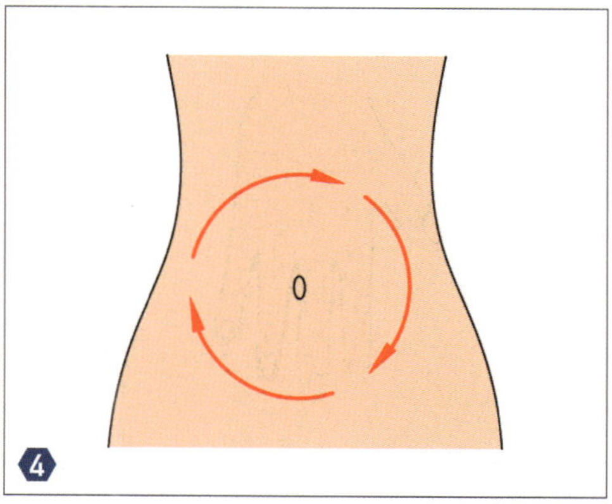

시계방향으로 쓸어준다.(5회)

(3) 손, 팔 딥클렌징하기

- **주의사항**

① 관리 부위는 어깨에서 손끝까지이다.

② 고객의 팔 옆에서 진행한다.

③ 손, 팔 피부의 상태에 따라 딥클렌징 제품을 선택한다.

④ 매뉴얼 테크닉과 다르게 근육의 움직임 없이 피부를 가볍고 신속하게 딥클렌징 한다.

⑤ 토너를 이용하여 피부결을 정돈한다.

- **손, 팔 딥클렌징 테크닉**

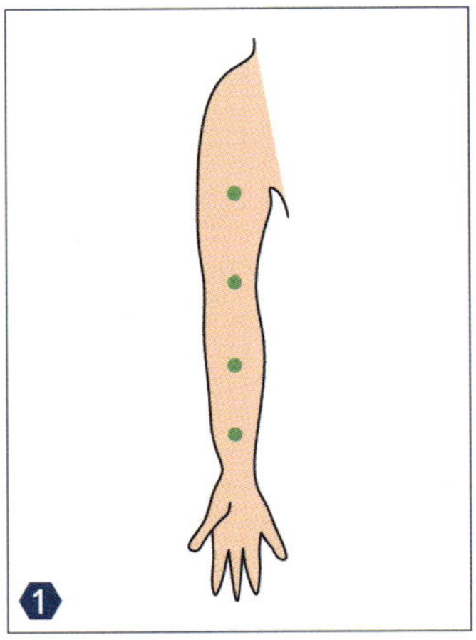

딥클렌저를 피부에 도포한다.

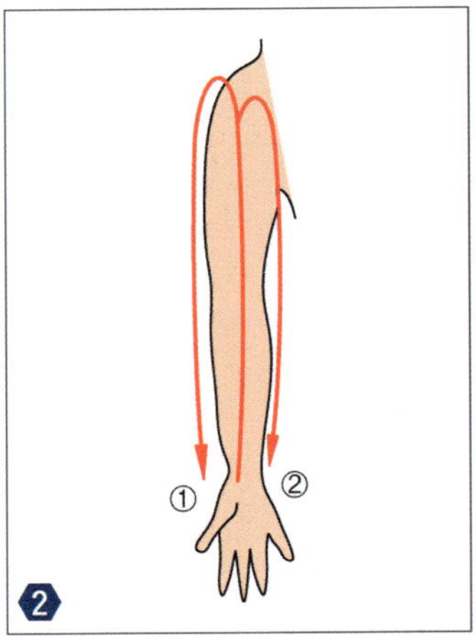

클렌저를 손에서 러빙하여 손끝에서 어깨방향으로 쓸어준다.(5회)

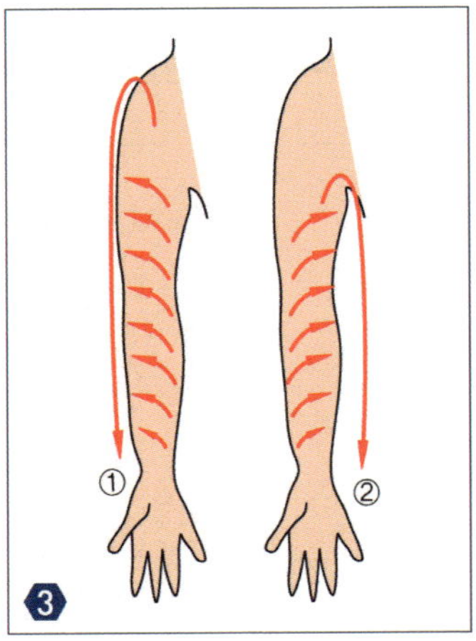

엄지를 이용하여 팔 바깥쪽, 안쪽 나선형 그려 올라가 손바닥으로 쓸어내린다.(3회)

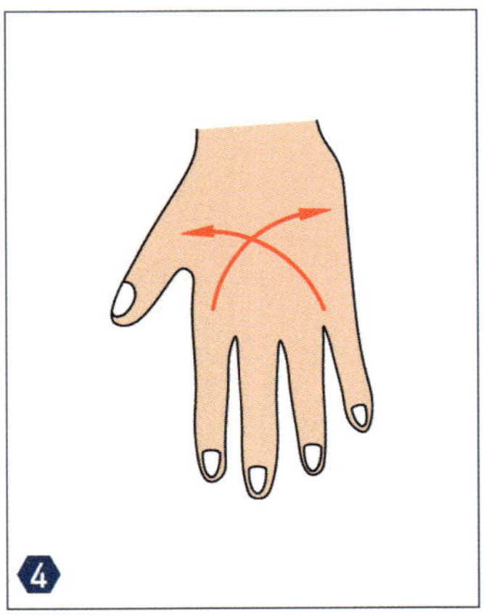

손등, 손바닥을 수근으로 교차하며 문지른다.(수회)

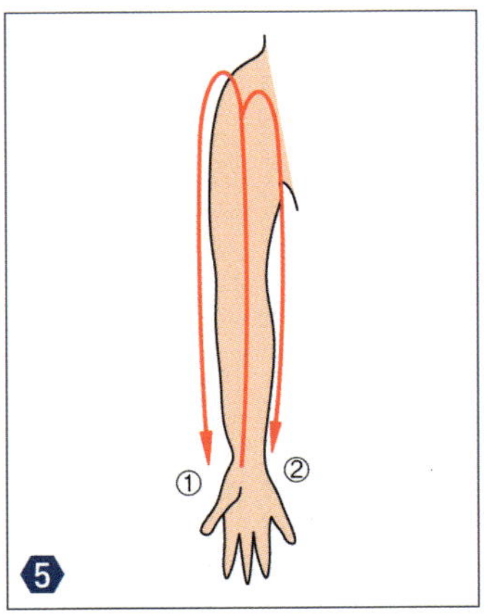

다시 1번 동작을 반복하며 마무리한다.(3회)

(4) 발, 다리 딥클렌징하기

• **주의사항**

① 관리 부위는 둔부에서 발끝까지이다.

② 고객의 다리 옆에서 진행한다.

③ 발, 다리 피부의 상태에 따라 딥클렌징 제품을 선택한다.

④ 매뉴얼 테크닉과 다르게 근육의 움직임이 없이 피부를 가볍고 신속하게 딥클렌징한다.

⑤ 토너를 이용하여 피부결을 정돈한다.

• **발, 다리 딥클렌징 테크닉**

– 뒷면 다리

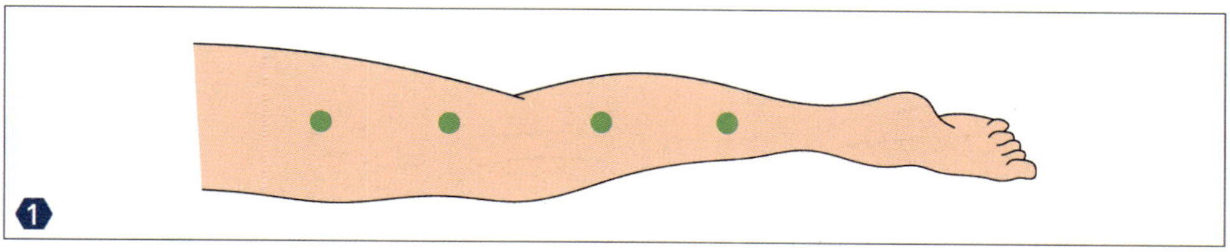

❶ 딥클렌저를 피부에 도포한다.

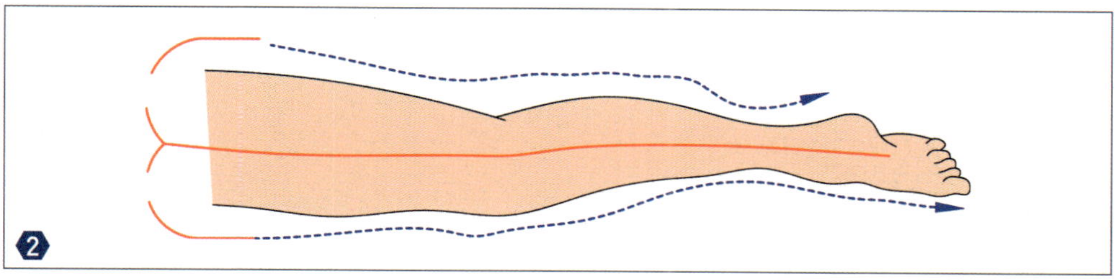

❷ 발 뒤부터 허벅지까지 쓸어올라간 후 옆라인으로 돌아 내려와 발바닥을 쓰다듬는다.(3회)

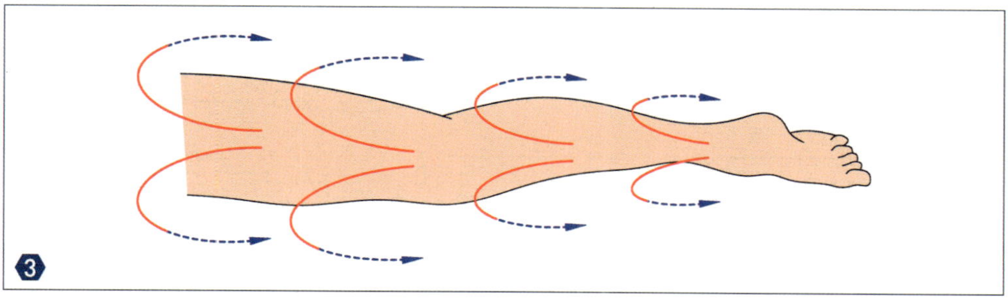

❸ 손바닥으로 하트를 그리며 올라간다.(3회)

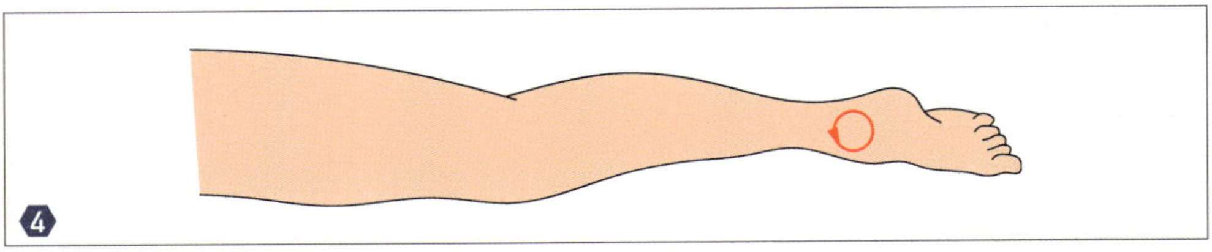

아킬레스건과 발뒷굼치를 손바닥으로 가볍게 쥐듯이 쓰다듬는다.(수회)

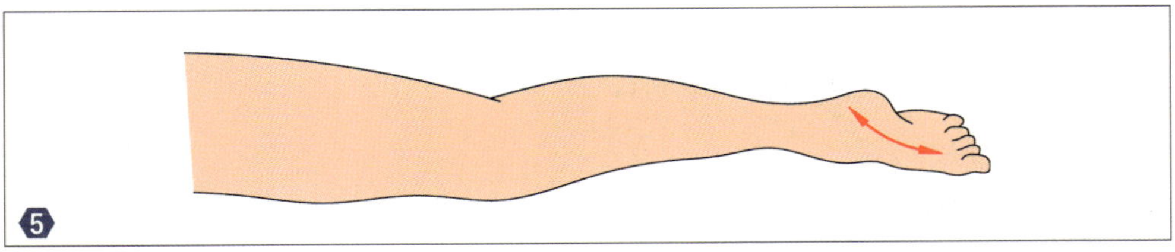

엄지를 이용해 발바닥과 발가락을 왕복으로 문지른다.(수회)

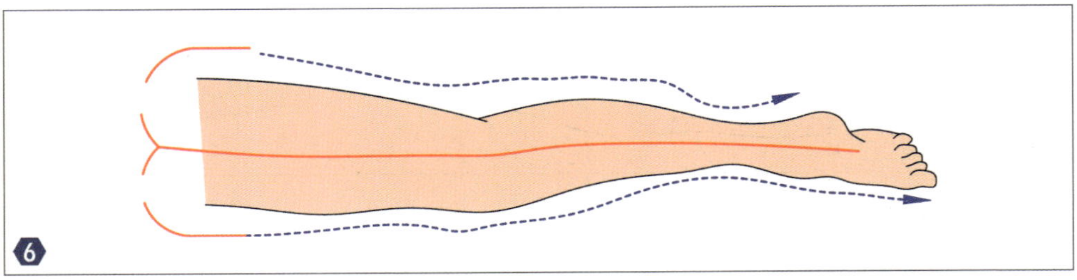

다시 1번 동작을 반복하며 마무리한다.(3회)

– 앞면 다리

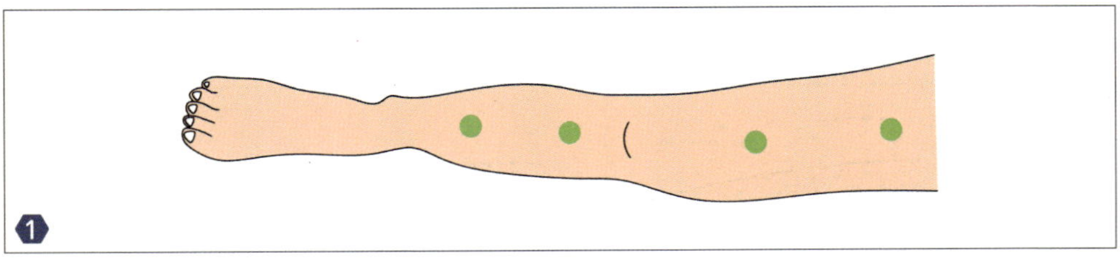

딥클렌저를 피부에 도포한다.

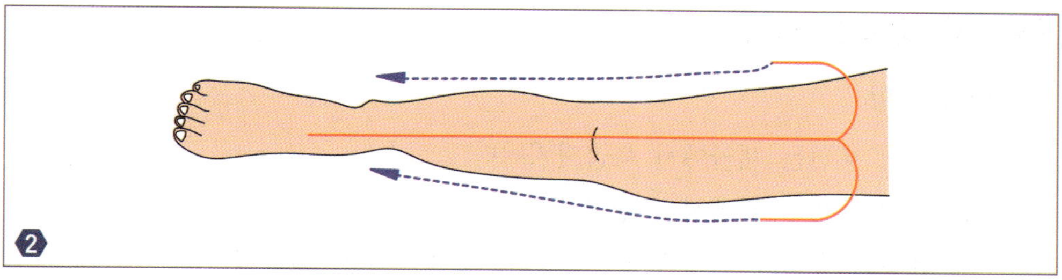

발등부터 허벅지까지 쓸어올라간 후 옆라인으로 돌아 내려온다.(3회)

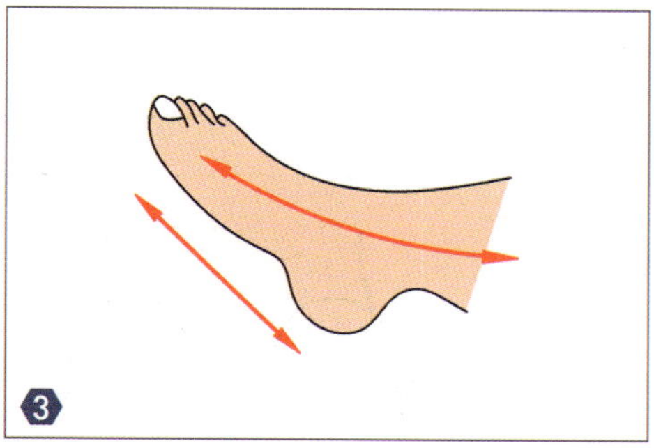

손바닥을 이용해 발등과 바닥을 쓸어준다.(수회)

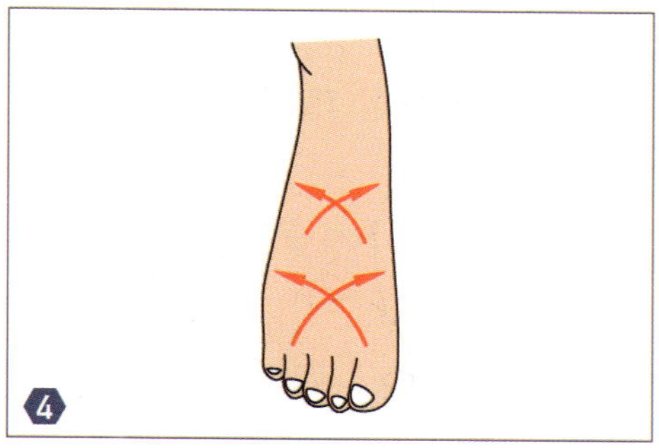

엄지손가락으로 발등을 쓸어준다.(수회)

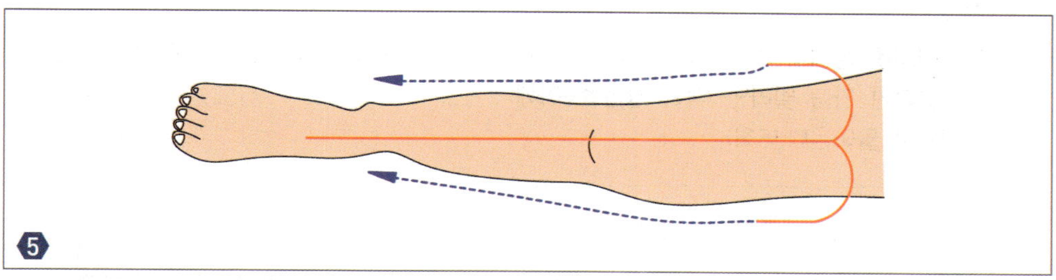

다시 1번 동작을 반복하며 마무리한다.(3회)

(5) 가슴 딥클렌징하기

• 주의사항

① 관리 부위는 쇄골에서 늑골까지이다.

② 고객의 머리 위에서 진행한다.

③ 유두는 유선과 연결되어 있으므로 테크닉 하지 않는다.

④ 가슴 피부의 상태에 따라 딥클렌징 제품을 선택한다.

⑤ 매뉴얼 테크닉과 다르게 근육의 움직임 없이 피부를 가볍고 신속하게 딥클렌징한다.

⑥ 토너를 이용하여 피부결을 정돈한다.

• 가슴 클렌징 테크닉

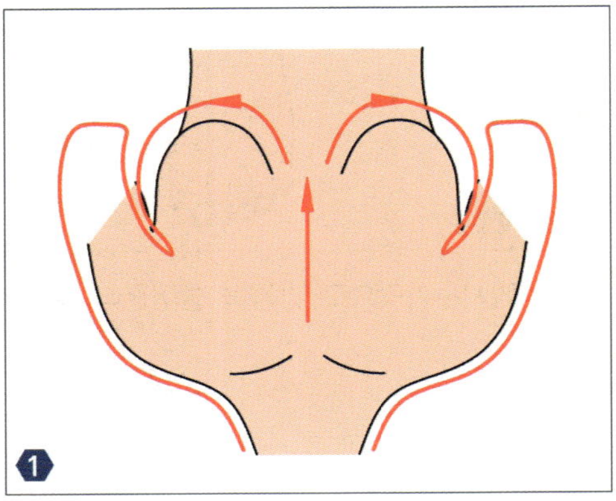

딥클렌저를 손에서 러빙하여 흉골 라인따라 내려갔다가 가슴 밑라인–액와 팔안쪽–어깨라인으로 돌아온다.(5회)

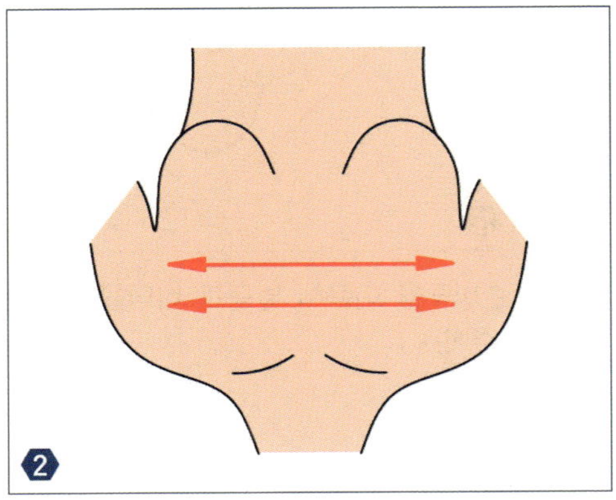

데콜데를 좌우로 쓰다듬는다.(수회)

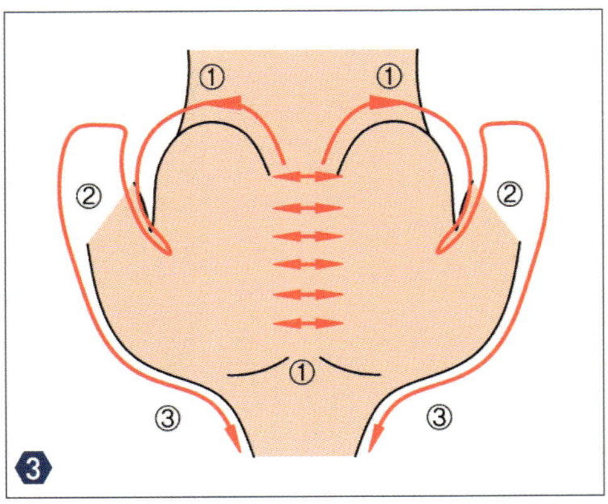

엄지손가락을 이용하여 흉골을 교차하며 내려가서 가슴 밑라인 – 액와 – 팔안쪽 – 어깨라인으로 돌아온다.(3회)

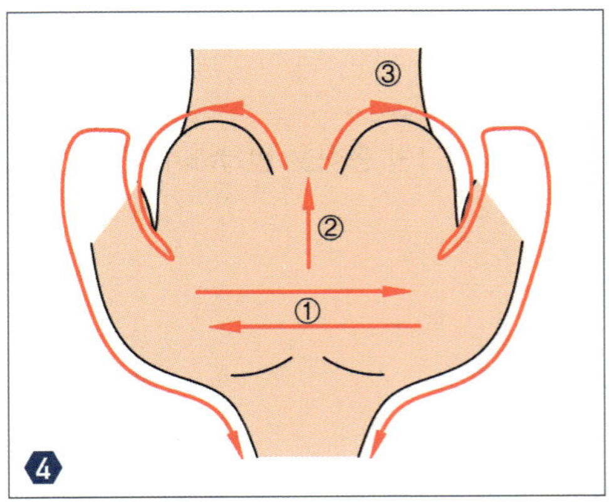

데콜데를 쓰다듬고 다시 1번 동작을 반복한다.(1회)

memo

3 CHAPTER 전신 매뉴얼 테크닉하기

1 전신 매뉴얼 테크닉의 개요

수기를 통해 전신 또는 부위별 피부와 근육을 관리하는 것으로 혈액순환을 돕고 노폐물을 배출하여 신진대사의 효율성을 높이는 대표적인 전신관리 방법이다. 가장 난이도가 높으며 관리사의 테크닉 차이를 많이 느끼는 관리이므로 해부학에 대한 이해와 피부의 생리를 심도있게 공부하고 익숙해질 수 있도록 반복적인 연습이 필요하다.

2 전신 매뉴얼 테크닉의 목적 및 효과

매뉴얼 테크닉은 전신관리에서 가장 직접적인 효과를 주는 테크닉으로 밸런스를 유지시켜준다. 뭉친 근육을 이완시킴으로써 틀어진 체형의 균형을 유지해주며 혈액순환을 도와 전신의 피부 세포에 영양을 공급하고 노폐물을 신속하게 배출시키는데 효과가 있다. 현대인의 스트레스 해소에 도움을 주며 신경계에 진정효과가 있어 육체와 정신의 안정을 도모한다.

3 전신 매뉴얼 테크닉 활용 방법

1) 쓸어서 펴 바르기(쓰다듬기, Effleurage)

① 매뉴얼 테크닉의 처음과 마무리 단계에 쓰인다.

② 손바닥을 이용하여 피부 표면을 쓰다듬는 동작으로 피부 표면에 모세혈관을 확장시켜 혈액을 피부 표면에 많이 흐르게 하며 신경을 알맞게 자극한다.

③ 일정한 속도와 압력으로 적용한다.

④ 가장 일반적으로 많이 사용하며 피부의 안정감을 준다.

⑤ 정맥과 림프의 순환에 도움을 준다.

2) 밀착하여 펴 바르기(문지르기, Friction)

① 쓰다듬기보다 조금 더 깊은 조직에 효과가 있다.

② 넓은 부위에 주로 많이 쓰이며 손바닥 부분을 이용하여 지그시 밀착하여 움직이는 동작으로 몸매관리에 가장 많이 쓴다.

③ 부착된 근육을 분리하는데 적용한다.

④ 관절과 연결조직에 적용한다.

⑤ 압력을 통해 조직 사이에 부종을 짜주는 역할을 한다.

3) 어루만져 펴 바르기(반죽하기, Petrissage)

① 근육을 쥐고 손가락 전체를 이용하여 반죽하듯 주물러서 부드럽게 하는 방법이다.

② 주무르고, 당기고, 돌리고, 쥐어짜고, 밀고, 올리고 하는 테크닉을 포함한다.

③ 신체에 활력을 불어 넣는다.

④ 운동 후 젖산을 제거할 때 적용한다.

⑤ 압력을 통해 조직 사이에 부종을 짜주는 역할을 한다.

4) 토닥토닥 펴 바르기(두드리기, Tapotement)

① 손가락을 이용하여 빠른 동작으로 리듬감있게 두드린다.
② 영양을 고루 보충시키기 위해서 가볍게 두드린다.
③ 두드리는 모든 종류의 테크닉을 포함한다.
④ 짧은 시간 동안 적용하면 근육에 활력을 불어넣는다.
⑤ 긴 시간 동안 적용하면 근육을 안정시킨다.

5) 떨며 펴 바르기(흔들어주기, Vibration)

① 손끝이나 손 전체로 등을 진동시킨다.
② 신경 조직을 진정시킨다.
③ 장부의 연동운동을 돕는다.
④ 장시간의 떨며 펴바르기는 통증을 완화시키는 효과가 있다.

1 등 관리하기

학·습·목·표

- 등 피부 유형에 맞는 제품을 선택할 수 있다.
- 등의 상태를 파악하고 목적에 맞는 매뉴얼 테크닉을 적용할 수 있다.
- 시간, 속도, 리듬, 밀착, 세기를 고려하여 등 매뉴얼 테크닉을 구사할 수 있다.

1) 등 관리하기 개요

현대인들에게 가장 문제가 되는 어깨, 허리통증 및 측만증 등을 보면 몸의 중심을 잡는 척추가 있다. 잘못된 습관에 의해 틀이 무너지면서 건강한 체형이 유지되지 못하고 만성 문제들이 지속되고 있다. 특히 승모근의 경우 가장 스트레스 받는 근육으로 솟아 오르는 형태로 보여지고, 미용적으로 이부분을 낮추기 위해 보톡스 주사를 맞기도 할 정도이다. 등 관리는 몸의 중심을 세우는 척추를 중심으로 연결된 근육을 관리하여 운동성을 확보해 준다. 그리고 등의 척추뼈 안에 존재하는 중추신경계와 척추뼈 사이로 빠져나온 말초신경계의 전달능력을 높임으로서 질 높은 건강을 도모할 수 있다. 분석표에 의한 피부 상태, 몸매 균형 등을 고려하여 목적에 맞는 매뉴얼 테크닉과 피부미용 기기 및 기구를 활용하여 피부 유형별 제품을 선택해서 테크닉을 구사한다.

2) 등 관리 목적

습관에 의하여 불균형 된 몸매의 균형을 잡아주고 중추신경과 자율신경의 밸런스를 맞춰 주는 행위로써 근육을 이완시켜 관리한다.

3) 등 근골격계

(1) 등 골격계

① **척주**(Vertebral Column)

척주(Vertebral Column)는 몸통의 지주를 이루고 있으며 그 위치에 따라 경추(Cervical) 7개, 흉추(Thorocic) 12개, 요추(Lumbar) 5개, 천추(Sacral) 5개, 미골(Coccyx) 3~5개로 이루어져 있다. 그중 천추 5개가 융합하여 천골이 되고, 미골 3~5개가 융합하여 1개의 미골이 되었다.

척주는 우리 몸의 중심을 잡아주는 역할을 하며, 자세의 불균형 시 측만증, 전만증, 후만증 등이 생길 수 있으며, 보행의 불편함이나 얼굴의 비대칭 등으로 인한 다양한 문제점이 발생되기도 한다.

㉠ **경추**(Cervical Vertebae)

경추는 7개이며 목을 구성하고 있다.

- 환추(Atlas) : 1번 경추를 환추(C1)라 하며 이는 후두골의 후두과를 받아들고 있다. 환추는 끄덕이는 운동에 관여되는 환추후두관절(Atlantooccipital Joint)을 구성한다.
- 축추(Axis) : 2번 경추를 축추(C2)라 하며 환추와 두개골이 회전할 수 있도록 주축역할을 하는 환축관절(Atlantoaxial Joint)를 이룬다. 축추에는 치돌기(Dens)가 있어 환추를 고정시킨다. 환추와 축추 사이의 연결은 고개를 절레절레 가로로 흔들 수 있도록 한다.

㉡ **흉추**(Thoracic Vertebae)

흉추는 12개로 구성되어 있으며 경추와 요추의 중간 사이즈이다. 극돌기가 길고 아래쪽으로 급경사를 이룬다.

㉢ **요추**(Lumbar Vertebae)

요추는 5개로 구성되어 추체가 크며 극돌기는 짧고 도끼 모양이다. 가장 스트레스 받는 곳이므로 추체가 크고 튼튼하다.

㉣ **천골**(Sacrum)

5개의 천추가 융합되어 형성되었으며 천골의 전면은 오목하고 매끈하나 천추의 융합선인 횡선(Transverse Line)이 존재한다. 그 양쪽에는 4개의 전천골공(Anterior Sacral Foramen)이 있다.

㉤ **미골**(Coccyx)

미추 3~5개가 융합되어 1개의 미골이 되었으며 천골과 연결되어 있다.

② **견갑골**(Scapula)

견갑골은 흉곽 후면 외측 상방에 존재하며 제2 ~ 7번 늑골 범위 안에 걸친 크기이다. 견갑은 쇄골과 연결되는 견봉(Acromion)과 부리처럼 생긴 오훼돌기(Coralcoid Process)로 이루어져 가슴과 팔 관련 근육의 부착부위로 존재하며 이는 견갑이 뒤로 빠지지 않게 균형을 잡아주는 역할을 한다.

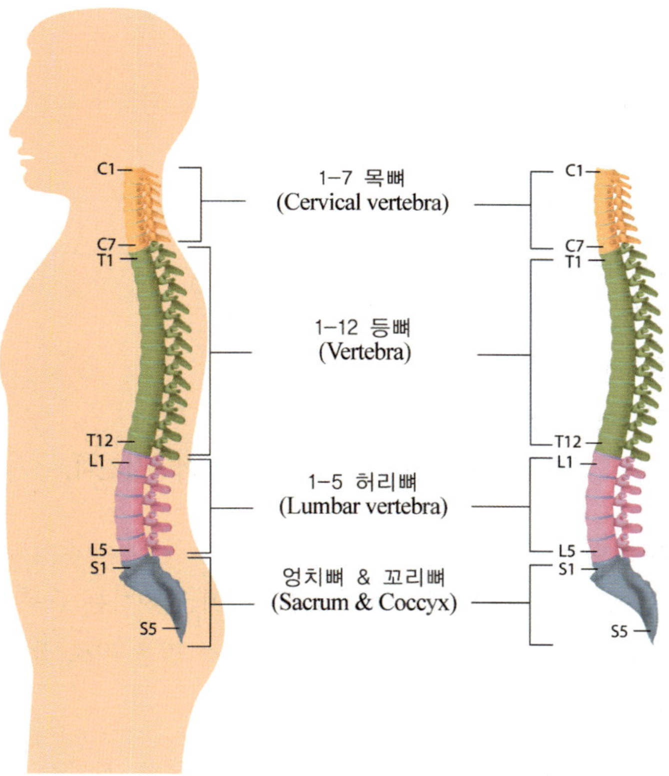

[척추부위 (VERTEBRAL REGIONS)]

• 그림 11 • 등 골격계

(2) 등근육

① **승모근**(Trapezius)

승모근은 좌우 견갑골을 척주쪽으로 움직여서 가슴을 펴는 운동을 한다.

㉠ 상승모근

- **기시** : 후두골의 상항선과 외후두융기, 항인대
- **정지** : 쇄골 외측 1/3, 견갑극
- **지배신경** : 부신경, 제 3 ~ 4 경신경
- **작용** : 견갑골을 위로 당기며 머리를 뒤나 옆으로 굽힌다.

㉡ 중승모근

- **기시** : 제 7경추와 제 5흉추의 극돌기
- **정지** : 견갑극, 견봉
- **지배신경** : 제 3 ~ 4 경신경
- **작용** : 견갑골을 내측으로 당긴다.

㉢ 하승모근

- **기시** : 제 5흉추와 제 12흉추의 극돌기
- **정지** : 견갑극
- **지배신경** : 제 3 ~ 4 경신경
- **작용** : 견갑골을 아래로 당기면서 외측 회전시킨다.

② **광배근**(Latissimus Dorsi)

장골능에서 기시하여 상완골의 소결절능에 정지하는 근육으로, 상완을 내전과 내회전을 담당한다. 이는 수영이나 노젓기 등 팔을 뒤로 잡아당기는 데 관여하기도 한다.

- **기시** : 제 7 ~ 12흉추와 요추의 극돌기, 요배근막, 장골능
- **정지** : 상완골의 결절간구
- **지배신경** : 흉배신경
- **작용** : 상완의 신전, 내전, 내회전

③ **능형근**(Rhomboideus)

승모근의 아래에 있으며 견갑골을 내상방으로 잡아당긴다.

㉠ **소능형근**(Rhomboid Minor)

- **기시** : 항인대, 제 7경추와 제 1흉추의 극돌기
- **정지** : 견갑극 기시부
- **지배신경** : 흉견갑배신경
- **작용** : 견갑골 내전과 회전

㉡ **대능형근**(Rhomboid Major)

- **기시** : 제 2 ~ 5흉추의 극돌기
- **정지** : 견갑극 내측연 견갑극과 하각 사이
- **지배신경** : 흉견갑배신경
- **작용** : 견갑골 내전과 회전

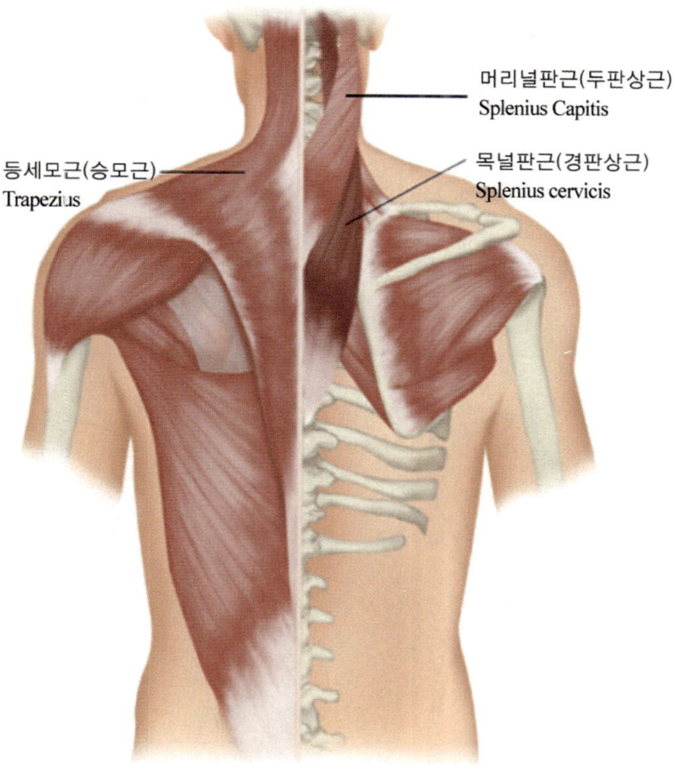

• 그림 12 • 등 근육계

4) 등 관리하기

① 관리 부위 외 신체 다른 부위는 타월로 잘 감싸준다.

② 피부유형에 맞는 성분의 오일이나 크림을 바른다.

③ 등 부위 피부와 근육 상태에 맞게 5가지 동작(쓸어서 펴 바르기, 밀착하여 펴 바르기, 어루만져 펴 바르기, 토닥토닥 펴 바르기, 떨며 펴 바르기)을 리듬, 세기, 속도, 밀착, 시간을 고려하여 테크닉한다.

④ 전신관리 기기를 활용하여 관리한다.

⑤ 온습포를 이용하여 깨끗하게 닦아낸다.

⑥ 토너를 이용하여 피부결을 정돈한다.

⑦ 피부유형과 고객의 니즈에 맞는 크림이나 로션으로 마무리한다.

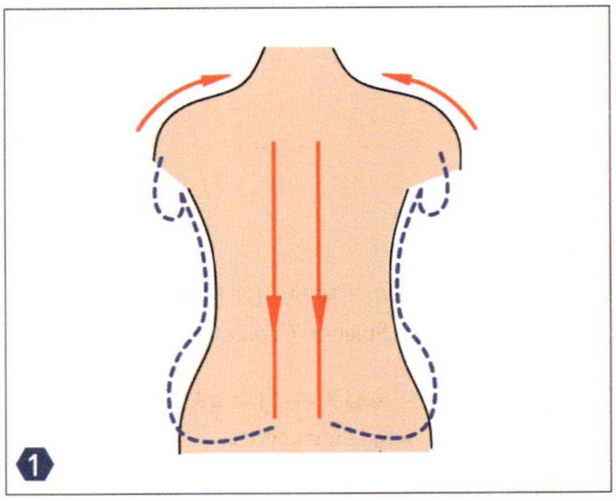

손바닥으로 등 전체를 쓸어서 펴 바르기 한다.(수회)

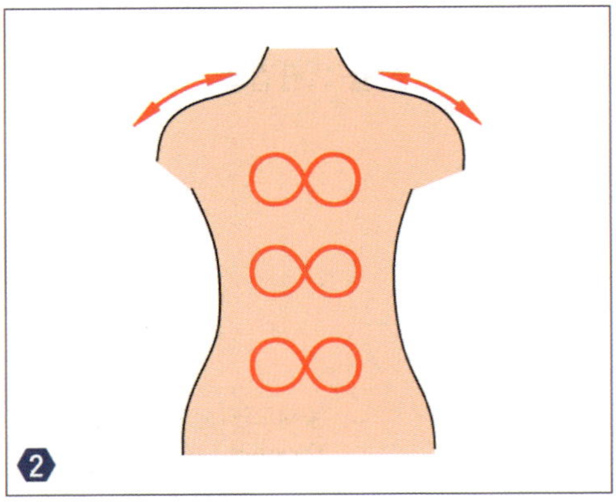

등 전체를 8자로 쓸어 올라가 어깨를 왕복 쓰다듬는다.(3회)

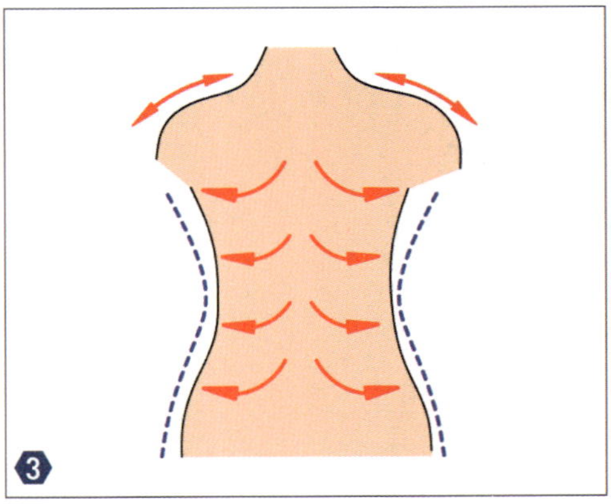

손바닥과 손가락으로 등전체를 쓸어내려가 옆라인따라 올라온 후 어깨를 왕복 쓰다듬는다.(3회)

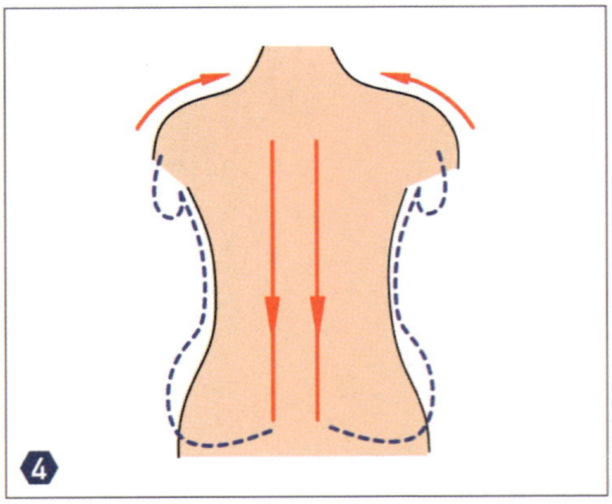

손바닥으로 등 전체를 쓸어서 펴 바르기 한다.(3회)

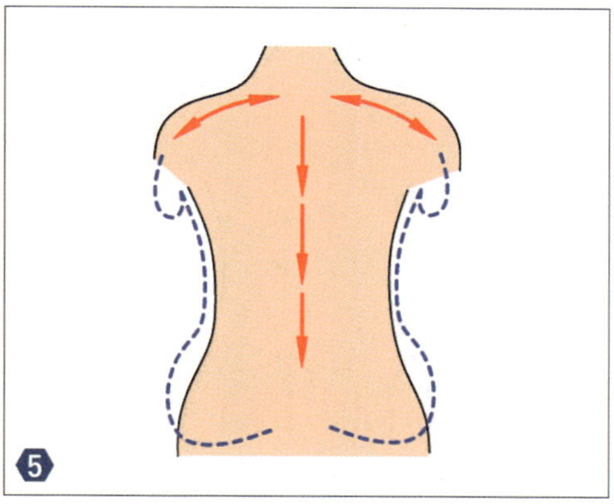

척추라인 따라 손을 교차하며 내려가 둔부에서 돌아 올라온 후 어깨를 왕복 쓰다듬는다. (3회)

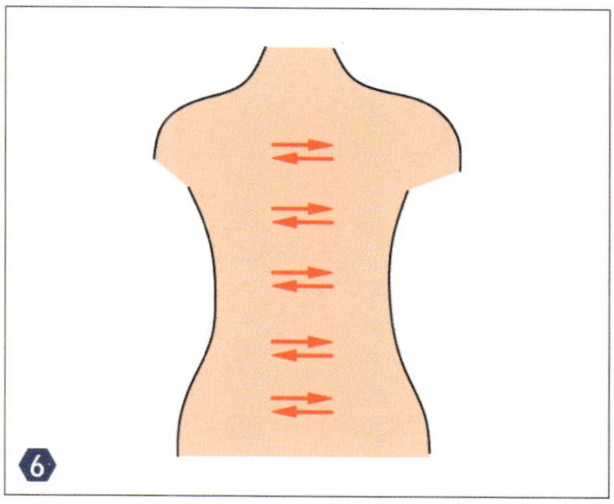

엄지손가락으로 척추마디마다 문질러 준다. (3회)

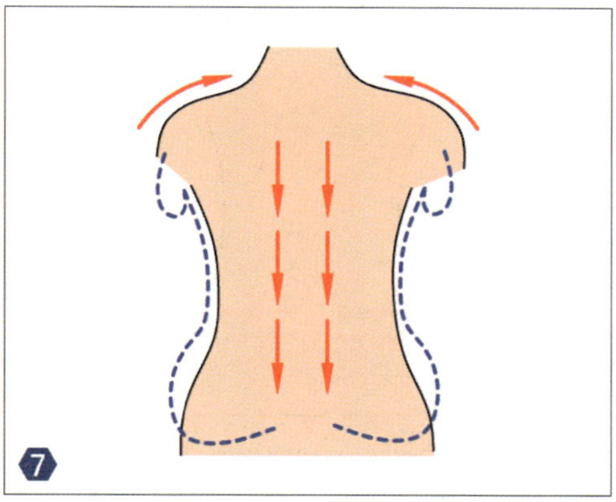

주먹을 가볍게 쥐고 등의 상, 중, 하를 나누어 왕복하며 내려갔다가 다시 올라온다.(3회)

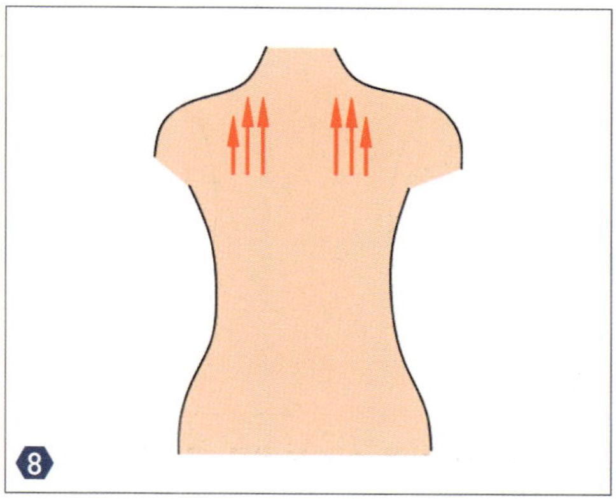

견갑과 척추 사이를 엄지를 이용하여 피시술자의 윗방향으로 문지른다.(5회)

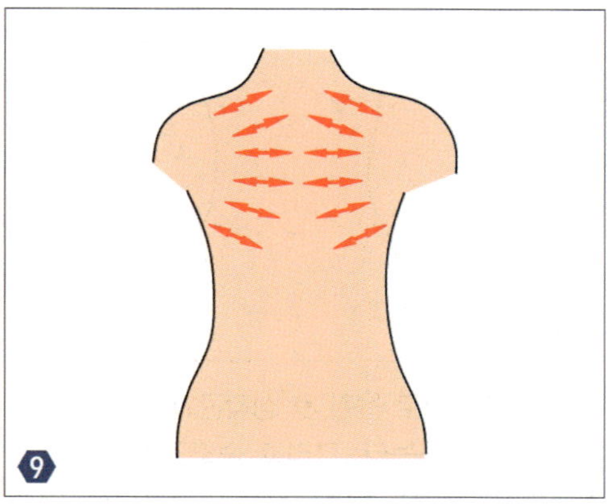

견갑내측라인을 엄지손가락 교차하며 문지른다.(3회)

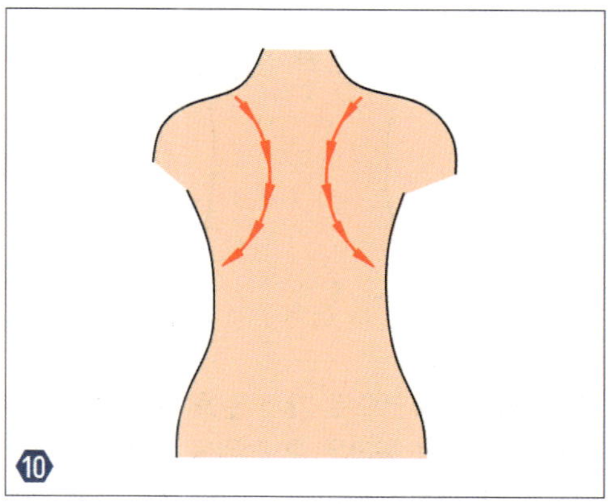

손가락과 바닥으로 견갑내측을 쓰다듬어 내려간다.(5회)

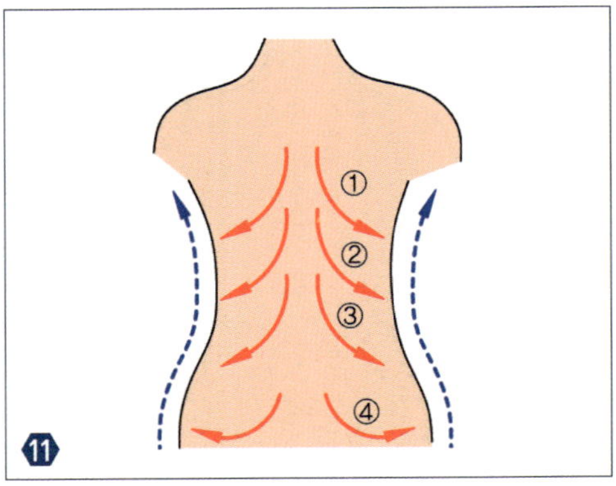

두 손의 손가락으로 늑골을 파내려간다. 천골을 쓰다듬어 옆라인을 따라 올라온다. 반대도 마찬가지로 실시한다.(3회)

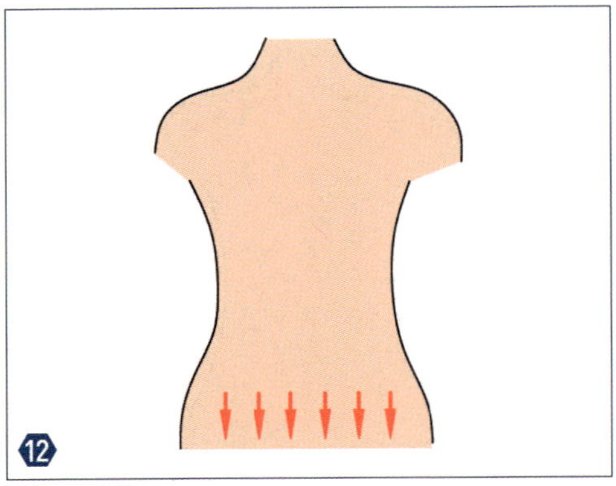

주먹을 이용하여 천골부위를 문지른다.(수회)

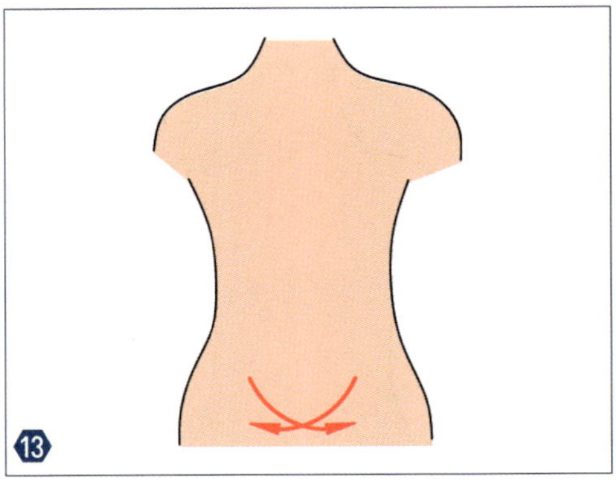

전완을 이용하여 천골부위를 문지른다.(수회)

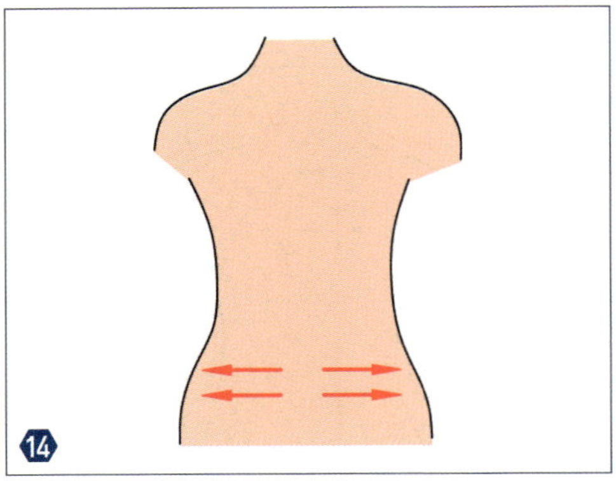

장골라인을 주먹과 손바닥으로 교대로 쓰다듬어 내린다.(수회)

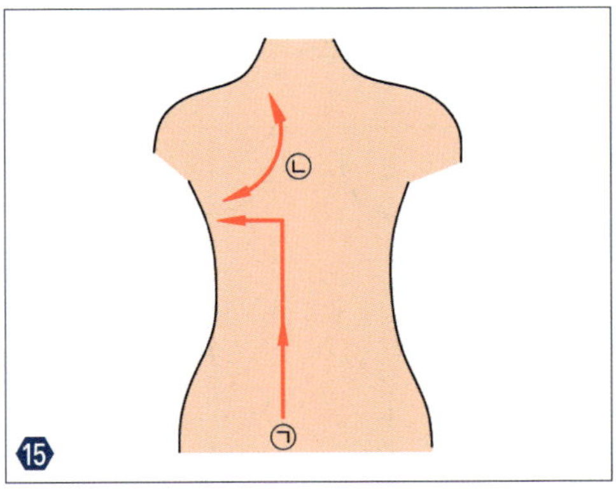

피시술자의 측면으로 가서 손을 밀착하여 척추기립근 라인을 올라온 후 전완을 이용해 견갑골 지나 어깨관절을 슬라이딩한다.(3회) 그리고 팔을 등 뒤로 가볍게 올려 고정 후 견갑골 안쪽을 문지른다.(수회)

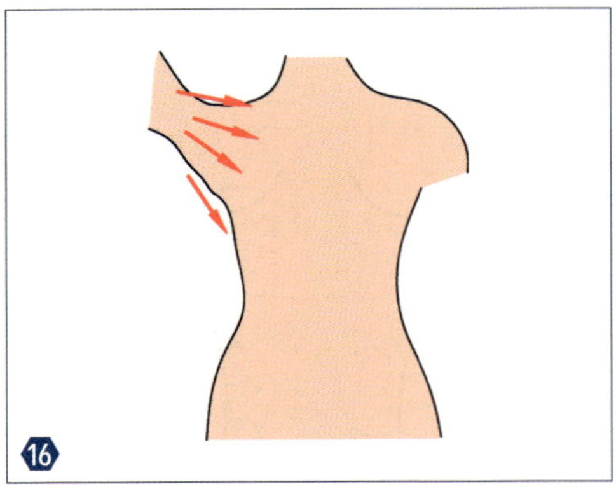

팔을 대각선으로 올린 후 삼각근과 견갑위를 밀착하여 쓰다듬는다. 그리고 승모근과 옆구리로 밀착하여 쓰다듬는다.(수회) 반대쪽으로 이동하여 ⑬~⑯을 반복한다.

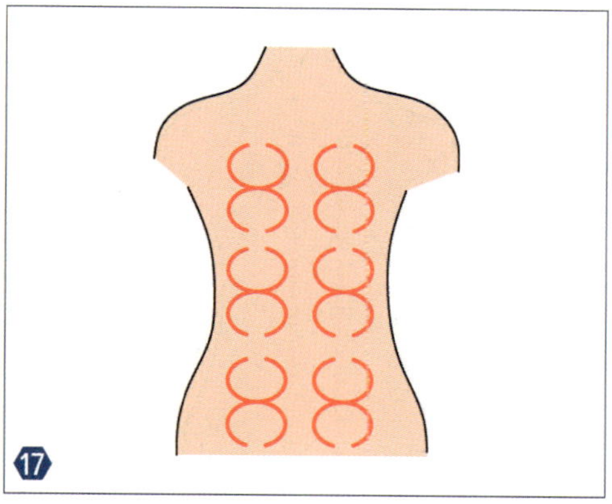

등 전체를 하완으로 하트그리며 왕복한다.(3회)

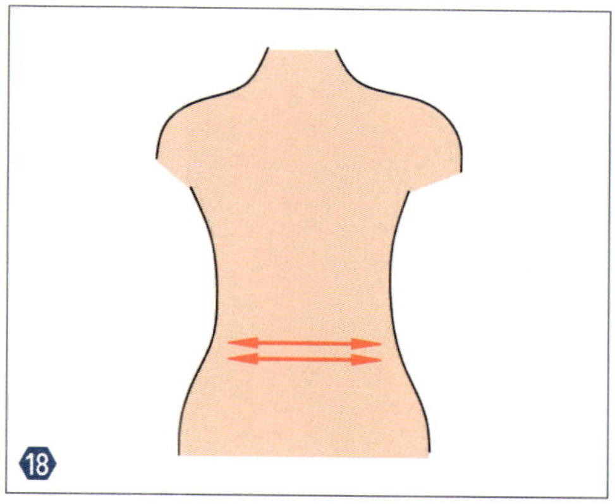

손의 옆면으로 허리라인을 왕복하며 열을 낸다.(수회)

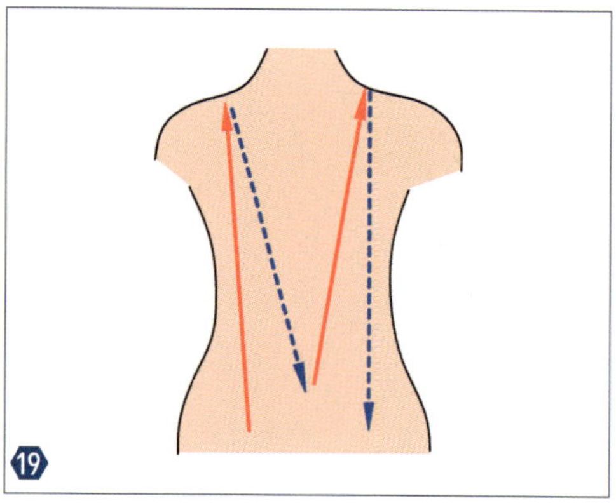

등 전체를 M자 모양으로 쓸어준다.(3회)

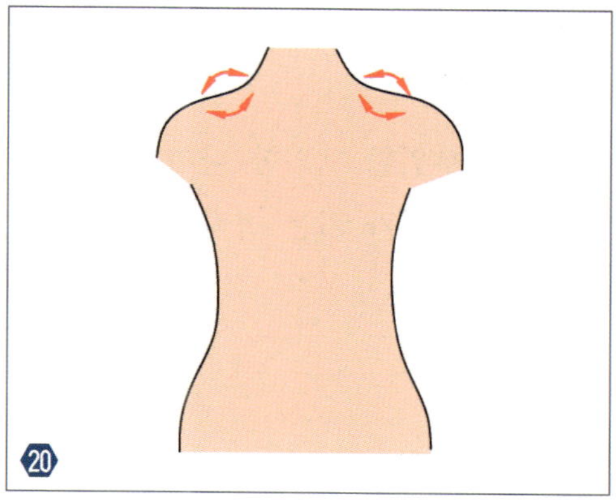

승모근 라인을 왕복 반죽하기 한다.(수회)

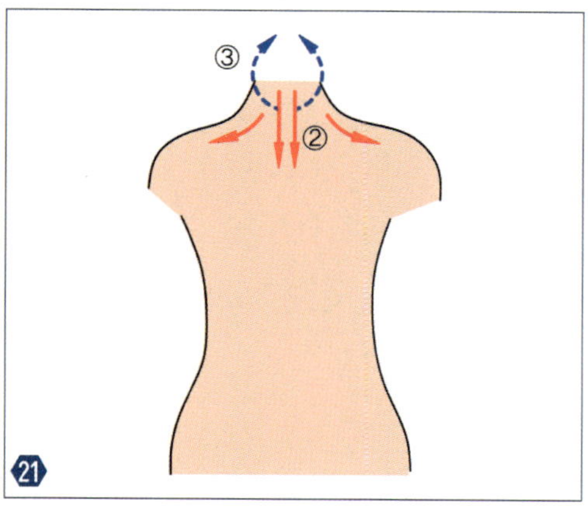

주먹을 가볍게 쥐고 왕복 밀착하여 펴바른 후 손가락을 피고 경추 라인을 펴바른다. 그리고 손을 모아 수근으로 목 주변을 원을 그리며 반죽한다.(5회씩)

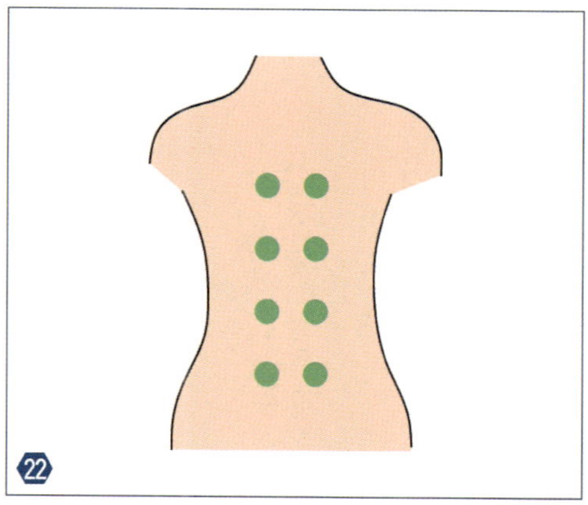

손을 둥글게 말아쥐고 기립근 라인을 따라 두들겨 준다.(3회)

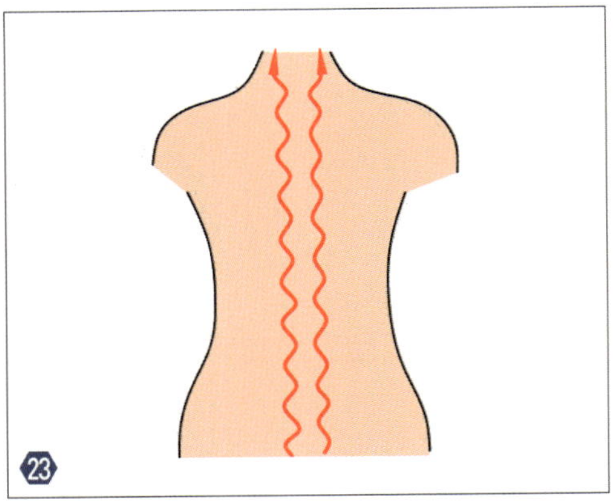

양 손을 흔들며 올라간다.(3회)

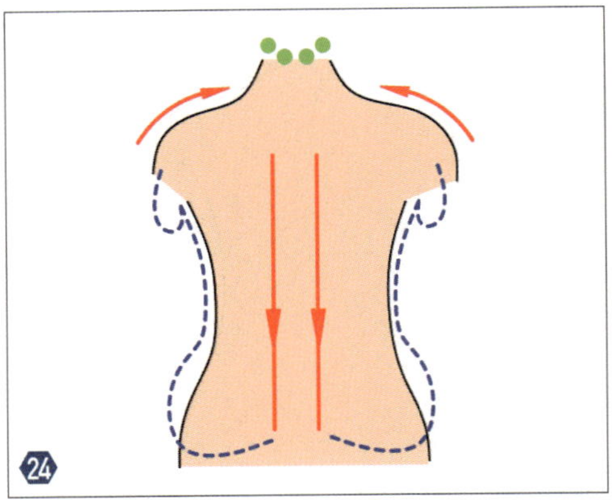

등 전체를 쓸어주고 후두에서 압한다.

5) 주의사항

① 관리 부위를 제외한 나머지 부분은 타월로 잘 감싸준다.

② 뼈에 무리가 가는 동작은 삼가한다.

2 복부 관리하기

학·습·목·표

- 고객의 복부 상태에 따른 금기사항을 파악할 수 있다.
- 복부 피부 유형에 맞는 제품을 선택할 수 있다.
- 복부의 상태를 파악하고 목적에 맞는 복부 매뉴얼 테크닉을 적용할 수 있다.
- 시간, 속도, 리듬, 밀착, 세기를 고려하여 복부 매뉴얼 테크닉을 구사할 수 있다.

1) 복부 관리하기 개요

복부에는 장기를 비롯한 다양한 근막이 모이는 곳으로 건강의 이상이 있을 때 복부에 트러블이 일어날 수 있다. 복부의 상태를 파악하고 피부 유형별 제품을 선별하여 복부 관리 목적에 맞는 매뉴얼 테크닉과 피부미용 기기를 활용해 탄력과 긴장감을 회복시켜 복부를 편안하게 해야 한다.

특히 냉방과 냉음료, 얇고 짧은 의상으로 냉기가 많은 현대인에게 복부 관리는 매우 중요한 부위이다. 복부를 따뜻하게 관리해주어 복부 부분의 장기를 편한 상태로 유지시킬 수 있는 관리이다. 피부 상태와 유형에 따라 화장품으로 보습 효과를 주는 것으로 중요하지만 여성들의 경우 출산 전후에 나타나는 처진 피부, 튼살 등을 화장품이나 미용 기기를 활용하여 보다 좋은 피부와 탄력 상태로 만족시킬 수 있다.

2) 복부 관리 목적

복부를 관리함으로써 전신 혈액순환을 위한 관리효과를 가지며, 갑작스럽게 살이 찌거나 임신으로 인한 튼살을 위한 관리 및 처지고 탄력을 잃은 복부에 긴장감과 퍼밍효과를 줄 수 있다. 또한 냉한 복부를 따뜻하게 하는데 그 목적이 있다. 또한 하지의 림프 순환 경로이므로 복부의 관리가 꼭 필요하다.

3) 복부 관리 부적용 대상

① 임산부

가벼운 쓰다듬기 이외에는 하지 않는다. 튼살크림을 바르는 정도만 가능하다.

② 접촉성 피부염, 아토피 피부

화장품 트러블이나 마찰로 인한 열발생으로 질환이 더 가속화될 수 있다.

③ 내장 질환이 있는 사람

내장기가 약화되어 복부관리 압에 의해 문제가 생길 수 있다.

④ 생리 중인 사람

생리 중일 때는 장기의 예민도가 커져 있고 출혈이 있기 때문에 과도한 순환을 제한한다. 가벼운 쓰다듬기 외에 하지 않는 것이 좋다.

4) 복부에 도움이 되는 화장품 성분

(1) 셀룰라이트 완화

복부 비만을 완화하기 위한 제품으로 주로 카페인 성분으로 이루어져 있으며 발열을 내거나 롤러가 달린 용기로 관리할 수 있게 출시되는 경우도 있다.

① 주니퍼, 유칼립투스, 싸이프러스

몸의 잉여 지방 물질인 셀룰라이트를 분해하는 작용을 하며 노폐물 배출과 이뇨 작용을 한다.

② 시트러스 계열

셀룰라이트 등 독소 배출에 도움을 준다.

③ 호스체스트넛(Horse-Chestnunt)

에스신(Aescin)이라는 사포닌 성분이 풍부하여 항부종제와 혈관보호제로 사용한다. 국소적인 전해질 교환을 자극하여 체액이 정체되지 않도록 한다. 부종성 비만, 셀룰라이트에 필요하며 항염증 작용과 일광 화상방지제로도 사용한다. 재생을 위한 안티에이징 제품에 사용되므로 탄력관리도 가능하다. 발열을 내리게 하여 수렴 효과도 있으므로 화상 시 바를 수 있다.

- **대표적인 약** : 타박상, 정맥류 질환에 사용

④ **센텔라 아시아티카**(Centella Asiatica)

센텔라 아시아티카 성분은 상처 회복, 피부 재생, 긁힌 자국, 발진 진정, 트러블 완화와 피부의 장벽을 강화하는 화장품에 많이 포함되는 성분이다. 센텔라 아시아티카는 병풀 추출물로서 아시아티코사이드(Asiaticoside) 성분이 함유되어 항염, 면역 강화에 도움이 되며, 콜라겐과 엘라스틴의 생성을 도와 피부 재생을 높인다. 이 외에도 마데카식애시드도 함유되어 영양과 수분을 공급한다. 셀룰라이트도 신진대사의 불안정성에 의해 나타난 염증반응의 일부이므로 도움이 될 수 있다. 특히 센텔라 아시아티카는 혈관을 강화시켜주어 예민 피부에 추천한다.

- **대표적인 약** : 정맥순환 개선제 센시아, 마데카솔

(2) 혈액순환 제품

복부 순환을 위해 열관리가 가능한 성분들이 추가된다. 대표적으로 블랙페퍼, 진저 등을 사용하여 열을 발생시켜 복부 혈액순환을 돕는다.

(3) 보습 제품

피부의 보습을 위하여 천연보습인자인 NMF가 포함되거나 최근에는 달팽이점액 추출물을 이용하여 보습 역할을 높인다. 그리고 건성피부를 위해 가장 끈적한 아보카도 오일이 소량 첨가된 제품을 사용하기도 한다. 최근 왁스에 열을 가해 녹은 오일을 이용하여 보습효과와 마사지 효과를 높인 관리도 진행한다.

(4) 튼살관리 제품

갑자기 찐 살이나 산전후관리를 위한 관리 제품으로서 콜라겐과 엘라스틴 등의 성분을 사용하여 보습과 탄력 강화 제품이 출시된다.

5) 복부 장기와 근육계

(1) 복부 장기

① **위**(Stomach)

복강의 왼쪽 상복부에 있는 납작한 주머니 모양의 기관으로 상부는 횡격막의 아래면과 접하고 있다. 위의 용적은 1.0 ~ 2.5ℓ로서 신축성이 높다. 식도와 위가 접하는 부분을 분문(Cardia), 둥근 천장모양의 상부를 위저(Fundus), 아래의 넓은 부분을 위체(Body), 위와 십이지장이 이어지는 부분을 유문(Pylorus)이라고 한다. 유문은 유문괄약근(Pylorus Sphincter)이 있어 십이지장으로 배출되는 것을 조절한다.

② **소장**(Small Intestine)

소장은 직경 2 ~ 3cm이고 길이 6 ~ 7m의 가늘고 긴 관으로, 십이지장, 공장, 회장으로 구성되어 있다.

㉠ **십이지장** : 길이 25cm 정도로 손가락이 12마디 폭에 해당하는 C자형의 장기이다. 장간막이 없고 후복벽에 깊게 밀착하고 있기 때문에 이동하지 않는다.

㉡ **공장과 회장** : 장간막에 의해 후복벽에 매달려 있는 형태이다. 장간막(Mesentery)은 제2요추 왼쪽에서 오른쪽 아래로 향하는 15cm 선상의 후복벽에서 시작하여 부채모양으로 넓어진다.

③ **대장**(Large Intestine)

소화관의 끝부분이며 길이 약 1.5m의 굵은 관이다. 맹장, 결장, 직장으로 구성되며 주로 수분을 흡수하는 역할을 한다. 맹장은 회장과 연결되어 아래로 뻗어있으며 가장 굵으나 길이는 7 ~ 8cm 정도 밖에 안된다.

㉠ **맹장**(Cecum) : 좌측 후방에 길이 6 ~ 7cm의 충수(Vermiform Appendix)가 붙어있다. 맥버니 포인트를 이용하여 그 위치를 알 수 있다. 맥버니 포인트는 배꼽과 우상전장골극을 연결하는 선상의 외측 1/3지점을 말한다.

㉡ **결장**(Colon) : 크게 4부분으로 구성되는데 상행결장, 횡행결장, 하행결장, S상 결장으로 구성된다. 상행결장은 복막이 앞면에만 덮고 있어 운동이 제한적이고, 횡행결장은 결장 중 가장 길며 복막에 싸여 있고, 운동성이 풍부하다. 하행결장은 후복벽에 접해 있고 장간막이 없어 운동성이 제한되어 있다. S상 결장은 형태가 굽어져 골반강으로 들어가 직장으로 연결된다. 복막에 싸여있고 S상결장간막이 있어 운동성이 풍부하다.

ⓒ **직장**(Rectum) : S상결장에서 천골 앞쪽으로 내려가 항문에 이르는 10cm의 장기이다.

④ **간**(Liver)

횡격막의 바로 밑 복강 오른쪽 상부에 위치하며 무게가 1.5kg나 되는 인체에서 가장 큰 장기이다. 간은 독물질이나 대사산물을 해독하고 쿠퍼세포에 의한 식작용기능, 즉 해독작용을 한다. 적혈구의 성숙에 필요한 물질을 공급하는 조혈작용, 혈중 아미노산과 당을 흡수하여 탄수화물과 단백질의 대사를 담당하고, 하루 약 600ml의 담즙을 분비하여 지방의 소화를 돕는다. 또한 항혈액응고제인 헤파린(Heparin)을 생산한다.

⑤ **췌장**(Pancreas)

십이지장과 비장 사이에서 위 뒤쪽으로 퍼져있는 15cm의 가늘고 긴 장기이다. 외분비선인 소화액과 내분비선인 호르몬을 분비하는 두 가지 역할을 한다. 소화액으로는 트립신, 리파제, 아밀라아제, 말타아제 등을 분비하며, 호르몬으로는 혈당량 저하 호르몬인 인슐린(Insulin)과 혈당량 상승 호르몬인 글루카곤(Glucagon), 인슐린·글루카곤·가스트린의 분비를 억제하는 소마토스타틴(Somatostatin)을 분비한다.

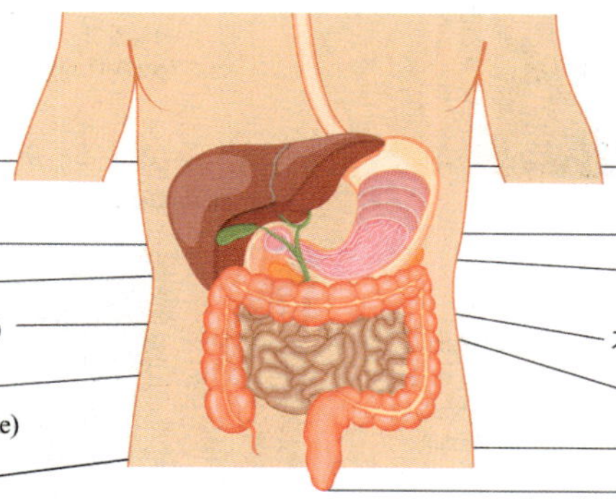

• 그림 13 • 복부 장기

(2) 복부 근육

① **복직근**(Rectus Abdominis)

치골에 기시하여 제 5 ~ 7늑연골과 검상돌기에 정지한다. 근복에는 3 ~ 4개의 건획에 의한 가로 주름이 있다. 근육의 내측연에는 백선(Linea Alba)이 있으며 임신 시 백선이 늘어나게 된다.

② **외복사근**(External Abdominal Oblique)

제 5 ~ 12늑골에서 톱니 모양으로 기시하여 백선과 서혜인대에서 정지한다. 몸통의 굴곡과 회전, 복압상승에 관여한다.

③ **내복사근**(Internal Abdominal Oblique)

외복사근 아래층에 있으며 몸통의 굴곡과 복압 상승 시 작용한다.

④ **복횡근**(Transversus Abdominis)

가장 안쪽에 있는 복근으로 복부내장을 압박하여 늑골을 밑을 당긴다. 자연 복대라고 한다.

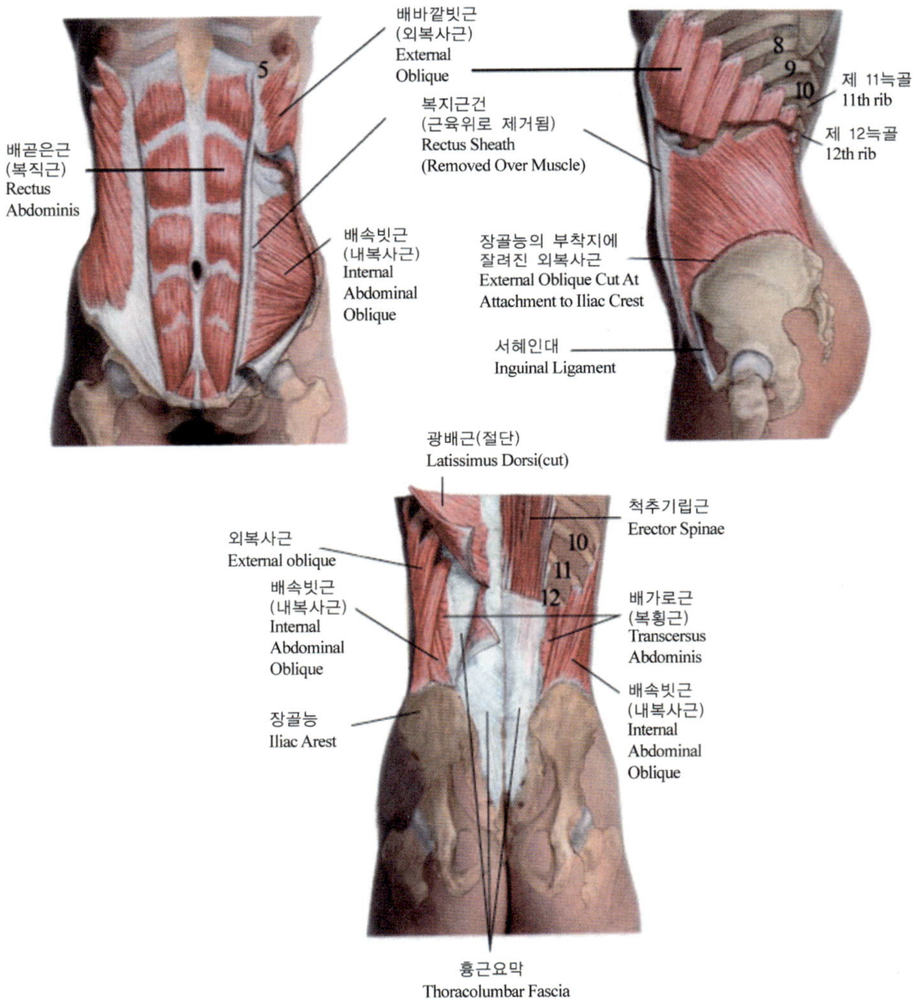

• 그림 14 • 복부 근육계

6) 복부 관리하기

① 관리 부위 외 신체 다른 부위는 타월로 잘 감싸준다.

② 피부유형에 맞는 성분의 오일이나 크림을 바른다.

③ 복부 부위 피부와 근육 상태에 맞게 5가지 동작(쓸어서 펴 바르기, 밀착하여 펴 바르기, 어루만져 펴 바르기, 토닥토닥 펴 바르기, 떨며 펴 바르기)을 리듬, 세기, 속도, 밀착, 시간을 고려하여 테크닉한다.

④ 전신관리 기기를 활용하여 관리한다.

⑤ 온습포를 이용하여 깨끗하게 닦아낸다.

⑥ 토너를 이용하여 피부결을 정돈한다.

⑦ 피부유형과 고객의 니즈에 맞는 크림이나 로션으로 마무리한다.

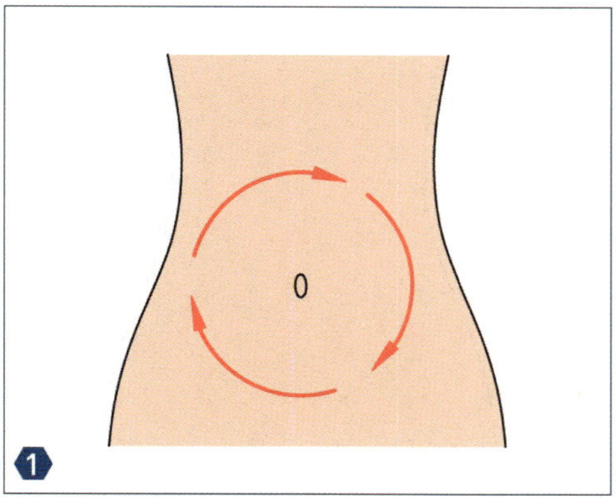

시계방향으로 회전한다.(수회)

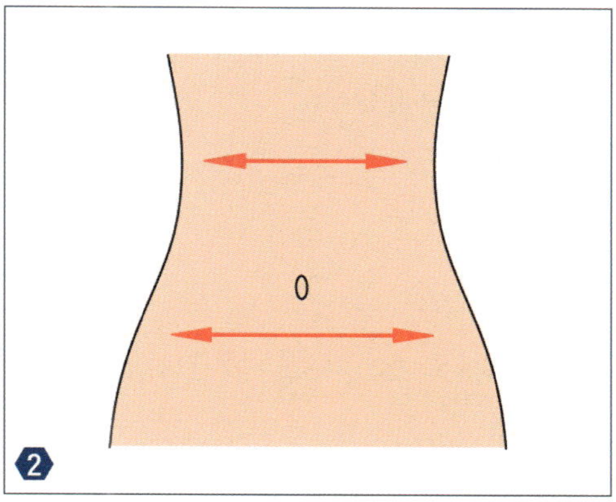

두 손을 동시에 밀착하여 펴바른다.
그리고 두 손을 교차하며 주물러준다.(5회)

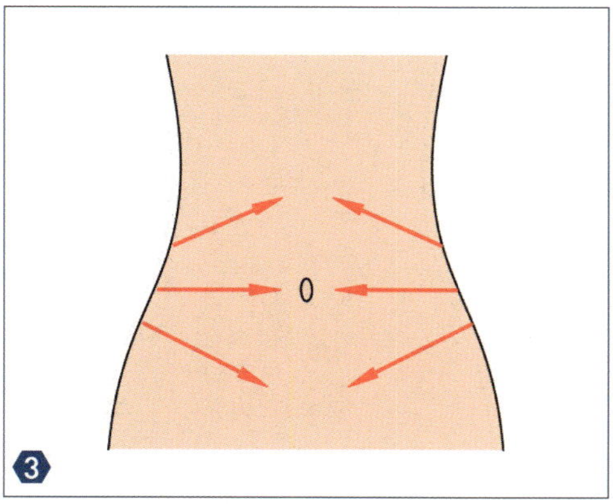

양 손을 엇갈리며 바깥쪽 허리에서 안쪽 배꼽 부분으로 쓸어서 펴 바르기 한다.(5회)

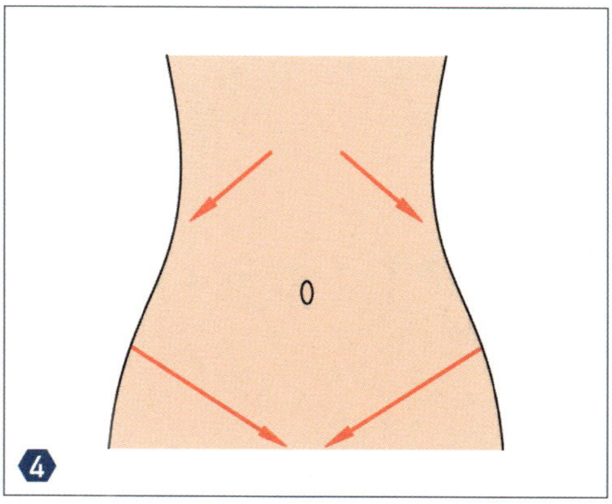

늑골따라 파주며 내려가다가 서혜부 인대따라 손을 모은다.(3회)

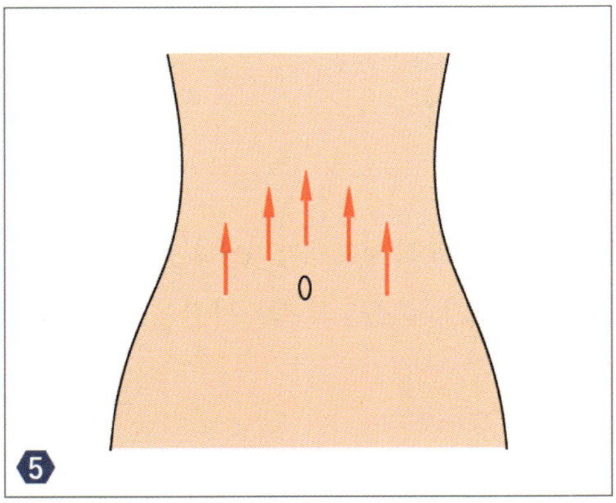

엄지손가락을 이용해 늑골 방향으로 밀어올린다.(3회)

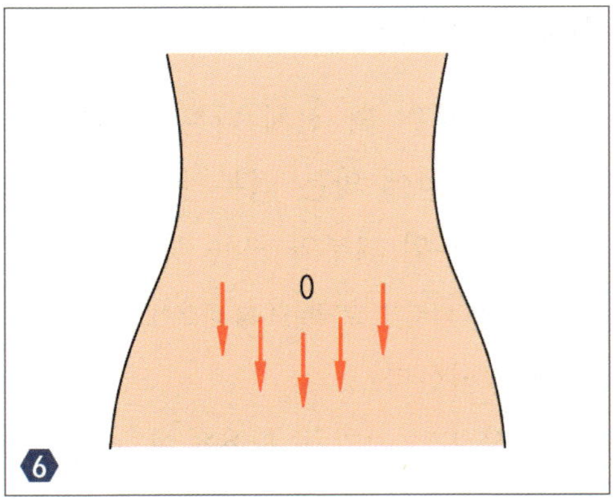

엄지손가락을 이용해 서혜부 방향으로 밀어 올린다.(3회)

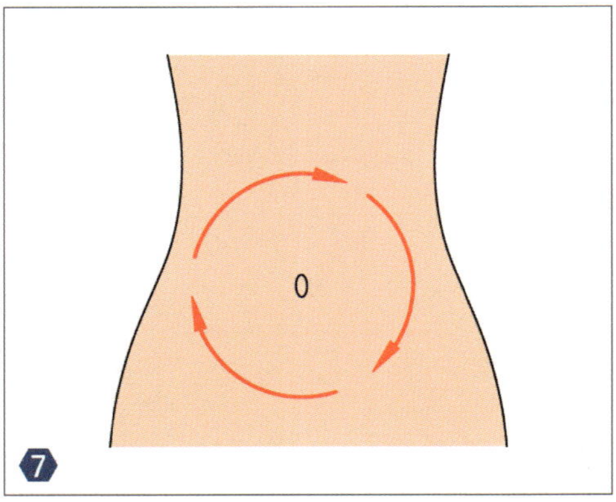

시계방향으로 회전한다.(수회)

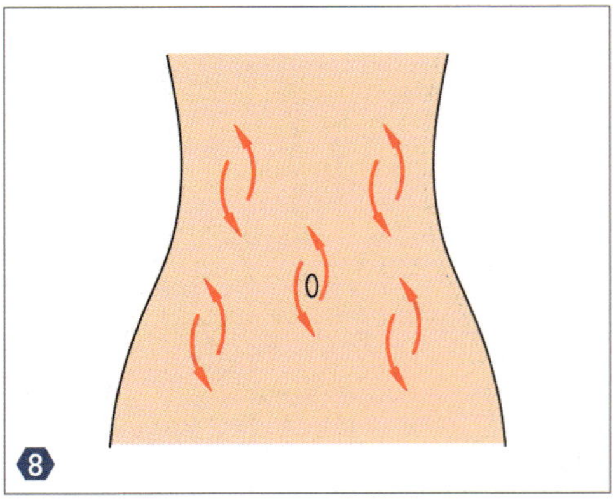

복부 전체를 반죽한다.(수회)

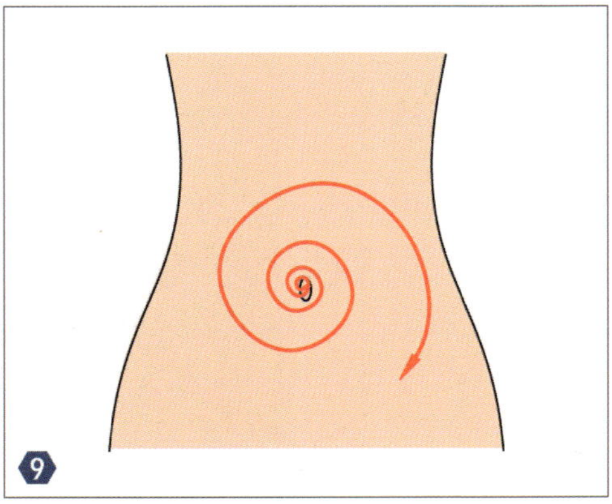

수근을 이용하여 배꼽부터 밖으로 문지른다.(5회)

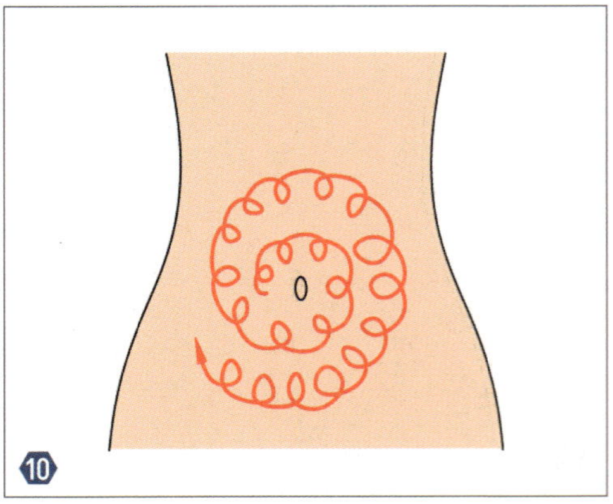

수근을 이용하여 굴리면서 배꼽부터 밖으로 문지른다.(5회)

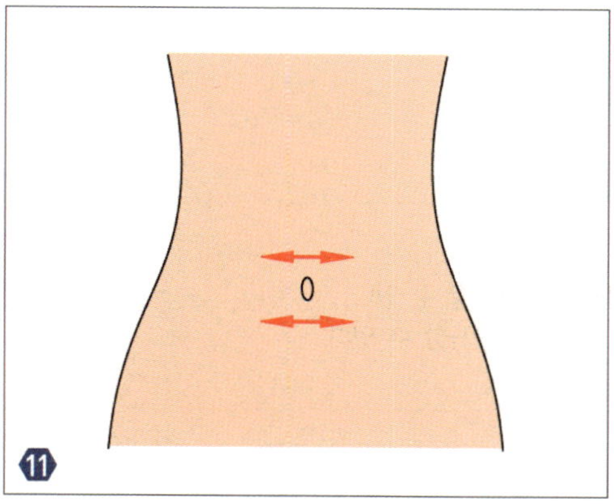

손을 나란히 복직근에 올리고 밀고 당긴다.(수회)

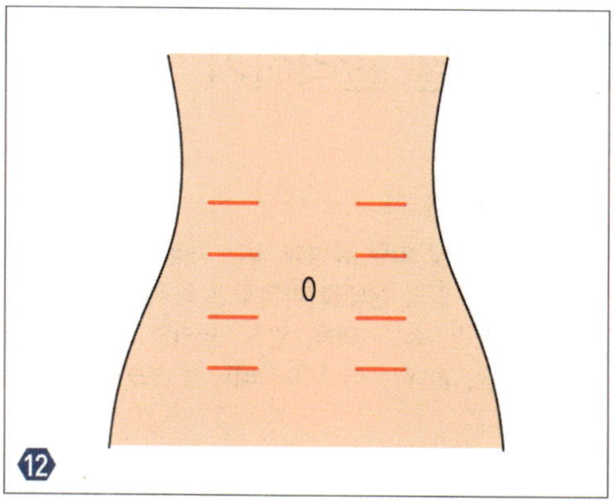

복부 전체를 손의 옆면을 이용해 가볍게 두들긴다.(수회)

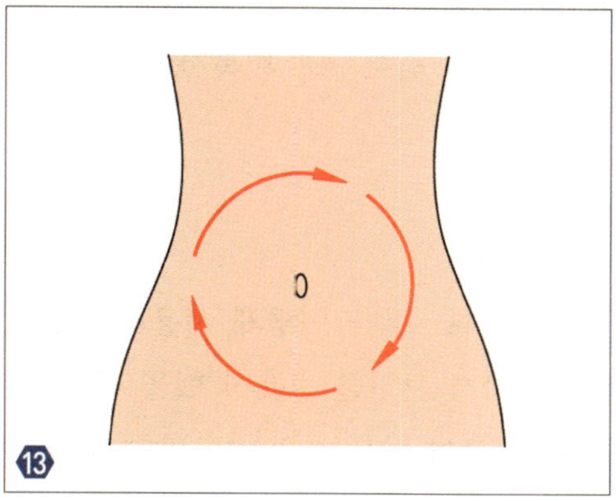

시계방향으로 회전한다.(수회)

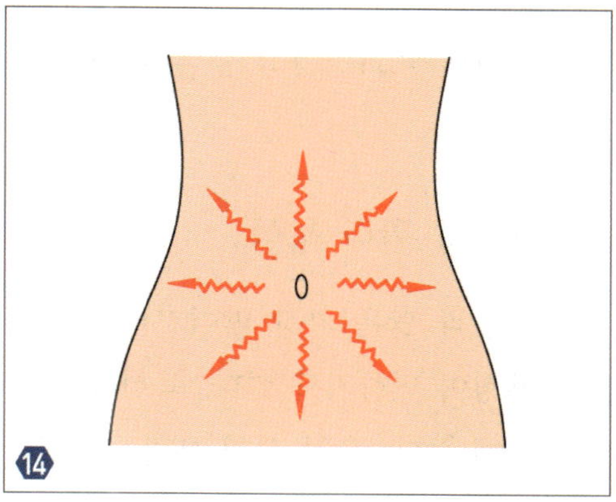

손바닥을 배꼽 위에 두고 숨을 내쉴 때 함께 내려가며 진동을 준다.(3회)

7) 주의사항

① 관리 부위를 제외한 나머지 부분은 타월로 잘 감싸준다.

② 장기에 무리한 압력을 주지 않도록 고객의 표정과 손의 감각을 이용하여 테크닉 강도를 조절한다.

3 손, 팔 관리하기

학·습·목·표

- 손, 팔 피부 유형에 맞는 제품을 선택할 수 있다.
- 손, 팔의 상태를 파악하고 목적에 맞는 매뉴얼 테크닉을 구사할 수 있다.
- 시간, 속도, 리듬, 밀착, 세기를 고려하여 매뉴얼 테크닉을 구사할 수 있다.
- 손, 끝에서 어깨까지 매뉴얼 테크닉을 적용할 수 있다.

1) 손, 팔 관리하기 개요

신체 부위 중 손과 팔은 환경의 지배를 가장 많이 받는 노출이 심한 부위로써 자연 노화에 의한 건조함과 자외선에 의한 노화를 예방해야 하는 부위이다. 손과 팔의 피부상태를 파악하여 보습과 미백을 주며, 긴장감을 풀어주고 회복시킨다.

2) 손, 팔 관리 목적

손과 팔은 가장 많이 사용하는 신체의 부위이다. 팔을 어떻게 사용하느냐에 따라 체형이 변하기도 한다. 특히 손은 지방질이 얇아서 관리를 소홀히 했을 시 노화가 빠르게 온다. 우리 신체 부위 중 가장 자외선에 노출이 많은 부위이며 말단 자극을 통해 혈액순환에 도움이 된다. 특히 팔근육은 들고, 매달리고 하는 운동을 통해 스트레스를 받으므로 팔 관리를 통해 근육의 이완과 혈액순환을 도모한다.

3) 손, 팔 근골격계

(1) 자유상지골

좌우 총 60개의 자유상지골로 이루어지며 상완, 전완, 손을 이루고 있다.

① **상완골**(Humerus)

상완골두(Head Of Humerus)는 견갑골 관절강(Glenoid Cavity)과 결합할 수 있다. 대결절(Greater Tubercle)과 소결절(Lesser Tubercle)은 근육이 부착되는 곳이다. 내측상과(Medial Epicondyle)는 전완의 굴곡근, 외측상과(Lateral Epicondyle)는 신전근이 기시한다.

② **요골**(Radius)

전완의 바깥쪽에 있는 20 ~ 23cm의 뼈로 아래로 갈수록 굵어진다.

③ **척골**(Ulna)

전완의 안쪽에 있는 22 ~ 24cm의 뼈로 위끝은 굵고 아래끝은 가늘어 요골과의 교차 시 문제가 없다. 두 뼈 사이에는 골간막(Interosseous Membrane)으로 연결되어 있다.

④ **손**(Hand)**의 뼈**

㉠ **수근골**(Carpa Bones) : 손목에 있는 8개의 뼈로 주상골, 월상골, 삼각골, 두상골, 대능형골, 소능형골, 유두골, 유구골로 구성되어 있다.

㉡ **중수골**(Metacarpals) : 손바닥을 구성하는 뼈로 총 5개로 이루어져 있다.

㉢ **지절골**(Phalanges) : 손가락 뼈로 14개씩 존재한다.

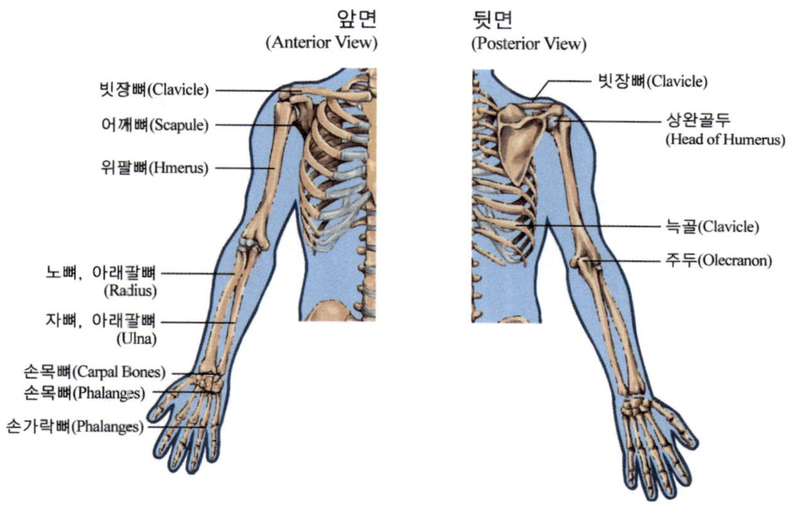

• 그림 15 • 손, 팔 골격계

(2) 손, 팔 근육계

① **삼각근**(Deltoid)

상지의 쇄골과 견봉, 견갑극을 묶어서 팔과 연결한다. 상완을 굴곡, 신전, 외전, 내측회전을 시키는 주동근이다. 예방접종주사 부위이기도 한다. 액와 신경이 지나간다.

② **상완이두근**(Biceps Brachii M.)

견갑골의 오훼돌기에서 기시하여 상완의 요골조면에 정지하는 근육으로 대표적인 알통근육이다. 주작용은 주관절의 굴곡과 회외이다.

③ **상완삼두근**(Triceps Brachii)

견갑골 및 상완골에서 기시하여 척골주두에 정지한다. 전완의 신전을 담당하며 과신전이 실행되지 않는다.

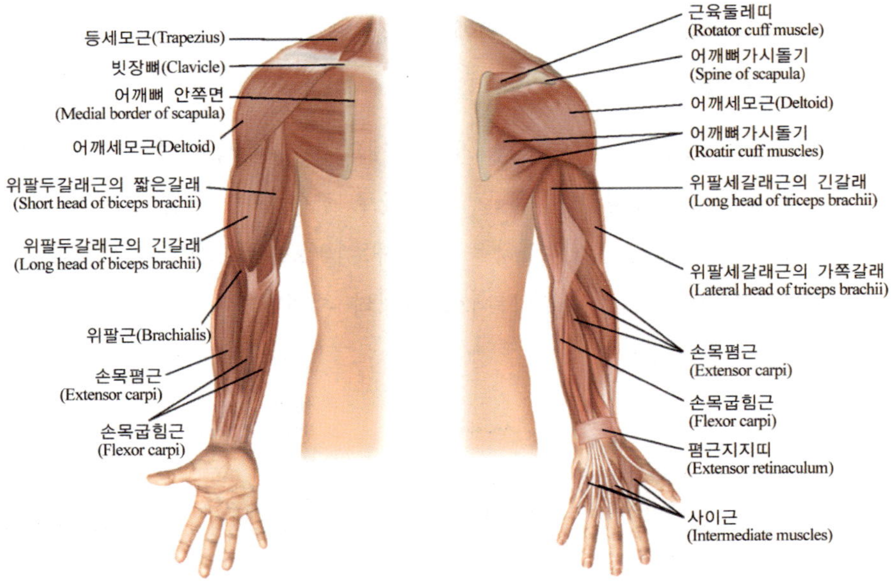

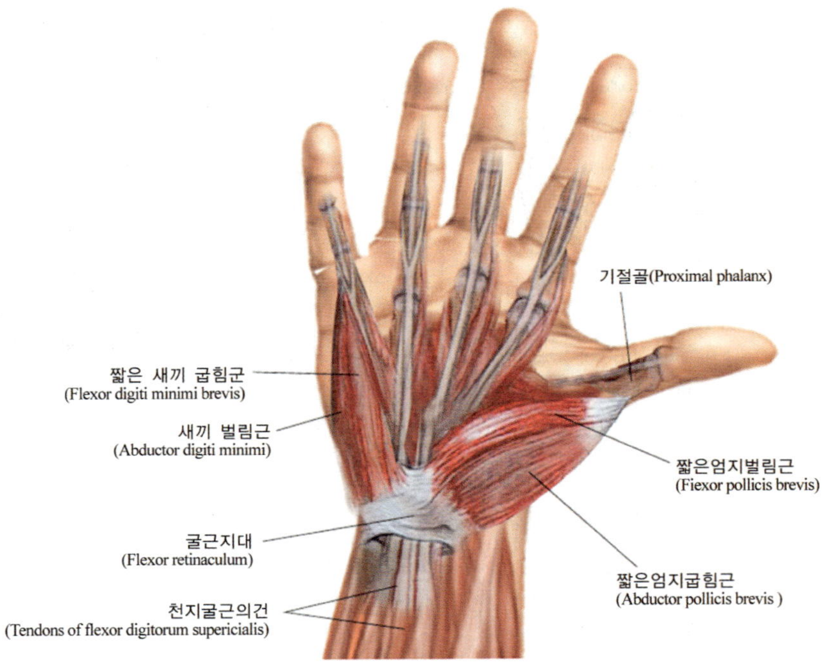

• 그림 16 • 손, 팔 근육계

4) 손, 팔 관리하기

① 관리 부위 외 신체 다른 부위는 타월로 잘 감싸준다.
② 피부유형에 맞는 성분의 오일이나 크림을 바른다.
③ 손, 팔 부위 피부와 근육 상태에 맞게 5가지 동작(쓸어서 펴 바르기, 밀착하여 펴 바르기, 어루만져 펴 바르기, 토닥토닥 펴 바르기, 떨며 펴 바르기)을 리듬, 세기, 속도, 밀착, 시간을 고려하여 테크닉한다.
④ 전신관리 기기를 활용하여 관리한다.
⑤ 온습포를 이용하여 깨끗하게 닦아낸다.
⑥ 토너를 이용하여 피부결을 정돈한다.
⑦ 피부유형과 고객의 니즈에 맞는 크림이나 로션으로 마무리한다.

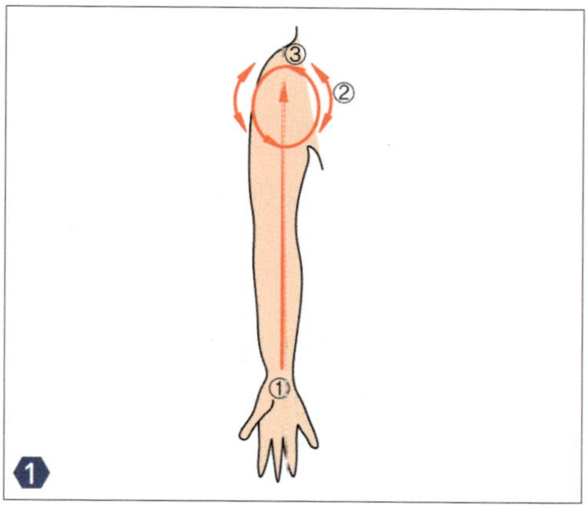

팔 전체를 쓸어올라가 어깨를 감싸듯 회전하며 쓰다듬는다.(3회)

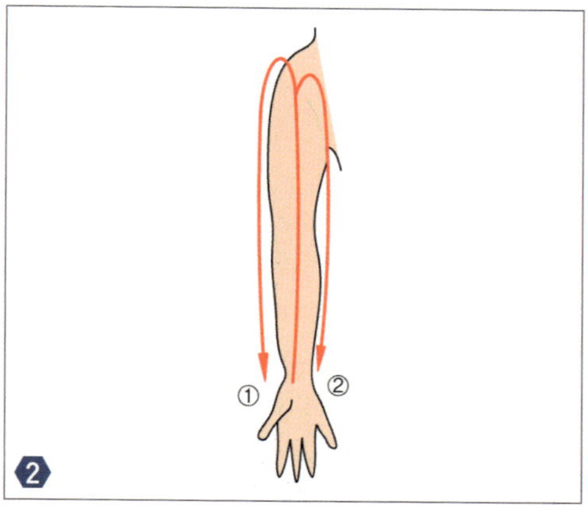

한 손씩 팔 바깥쪽과 안쪽을 쓸어준다.(3회)

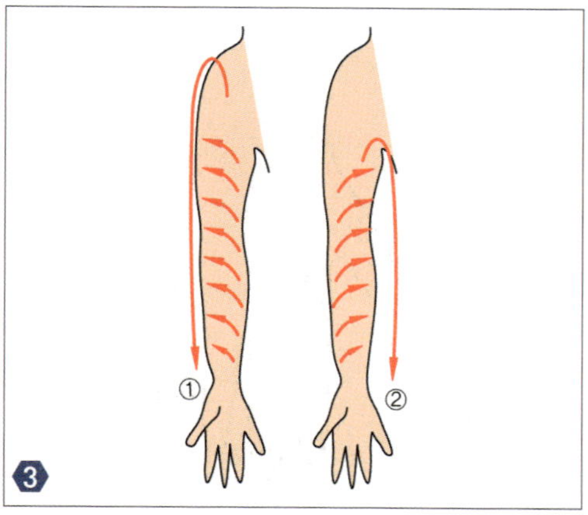

엄지를 이용하여 팔 바깥쪽, 안쪽 나선형 그려 올라가 손바닥으로 쓸어내린다.(3회)

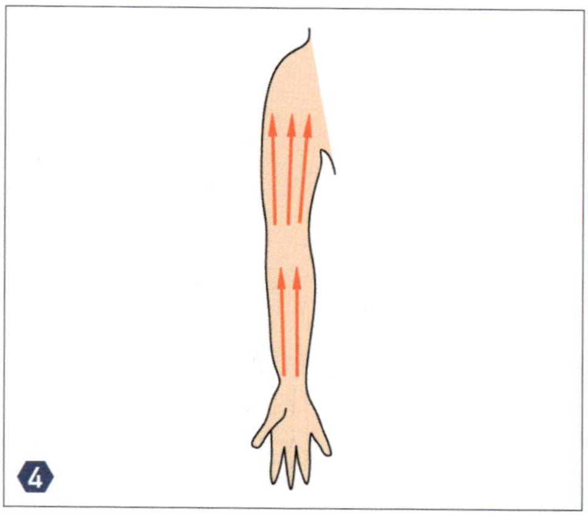

주먹을 가볍게 쥐고 팔 바깥쪽, 안쪽을 밀착하여 쓰다듬는다.(3회)

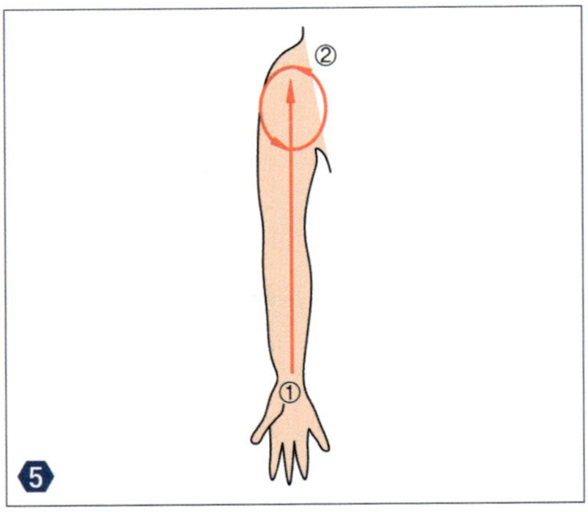

다시 한 번 밀착하여 쓰다듬어 올라가 어깨를 돌아 내려온다.(3회)

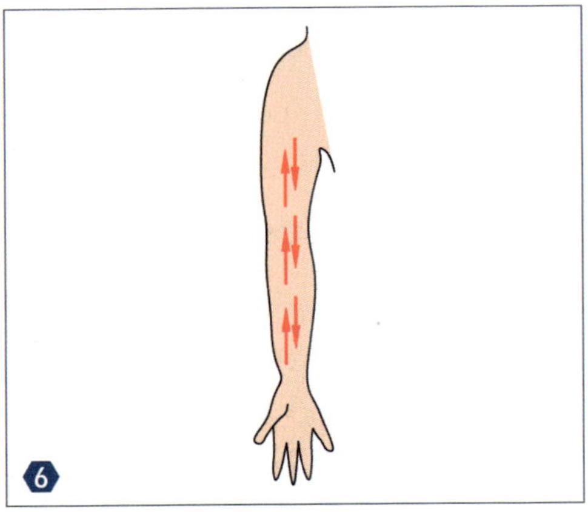

팔을 위아래로 반죽한다.(3회)

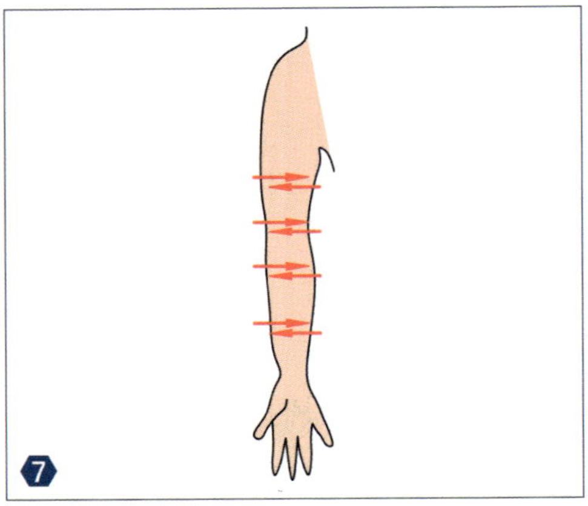

팔을 좌우로 반죽한다.(3회)

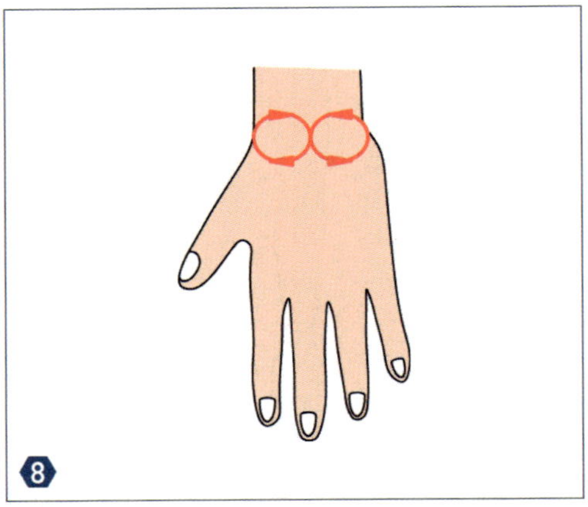

손목에 8자를 그려준다.(수회)

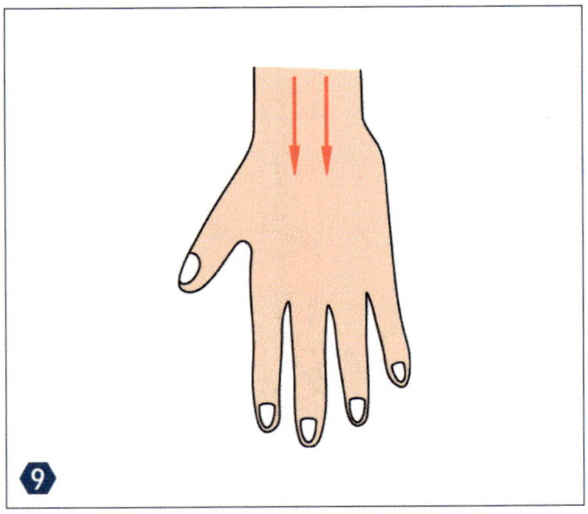

손목에 11자를 그린다.(수회)

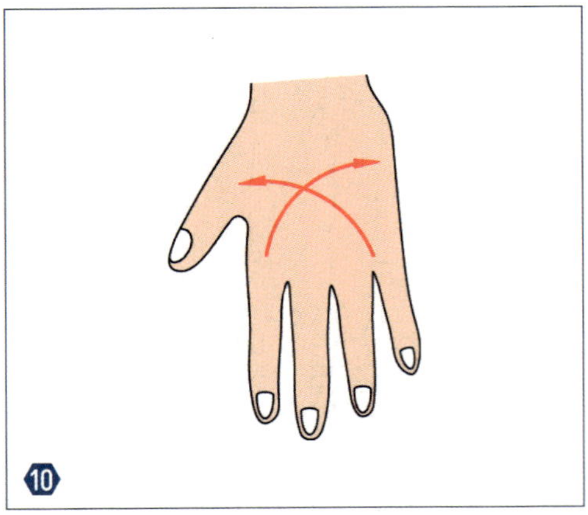

수근으로 X자를 그린다.(수회)

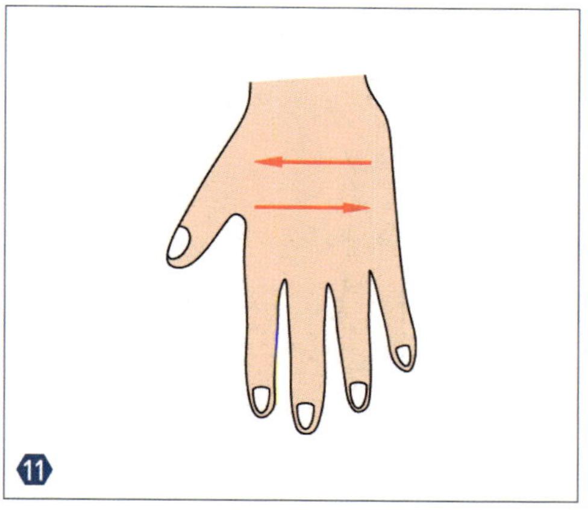

엄지로 손등을 지그재그 문지른다.(수회)

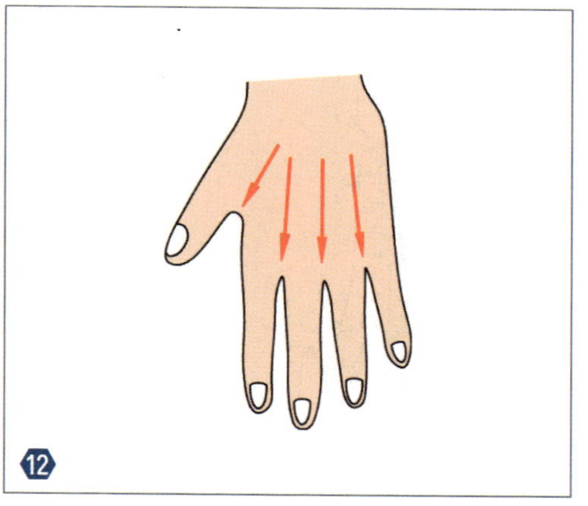

엄지로 중수골을 파준다.(수회)

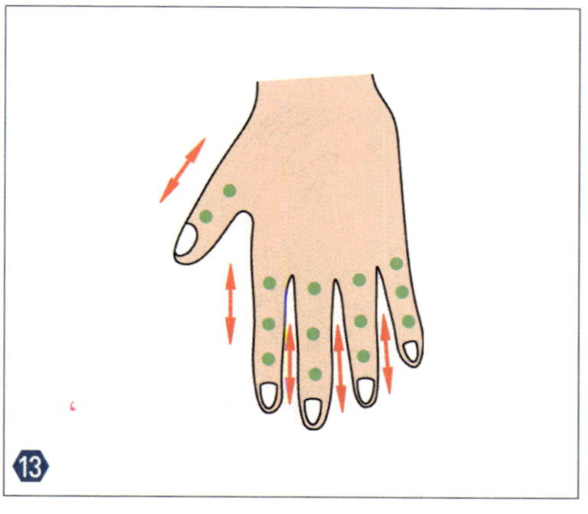

손가락 마디를 살살 문질러준다.(수회)

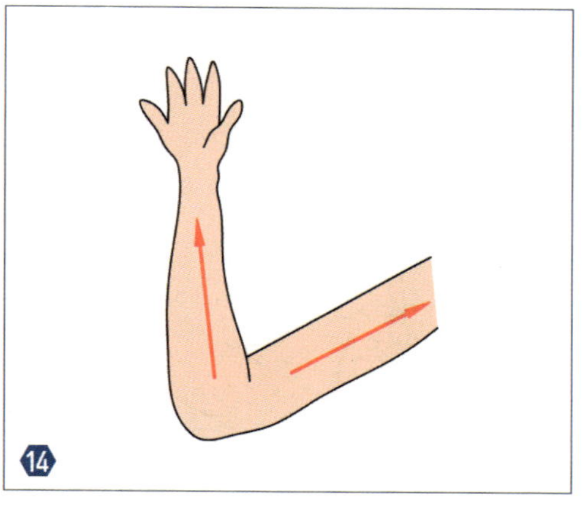

팔을 위로 반 접어서 액와와 손목쪽으로 쓰다듬는다.(수회)

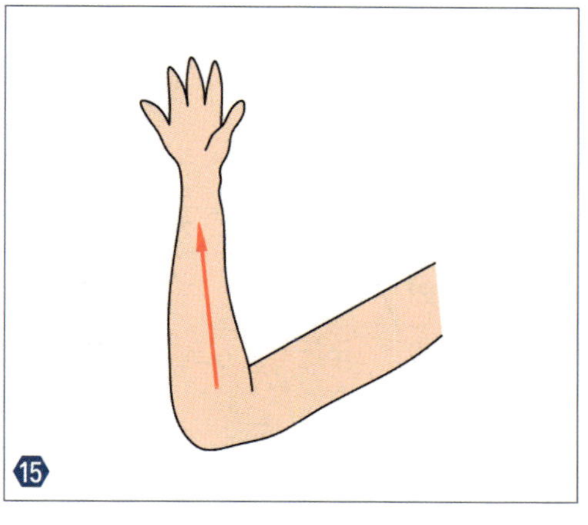

수근을 이용하여 액와로 밀어준다.(수회)

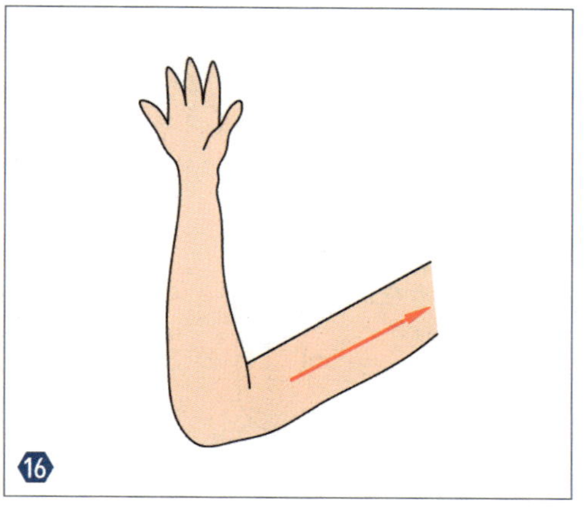

수근을 이용하여 손목쪽으로 밀어준다.(수회)

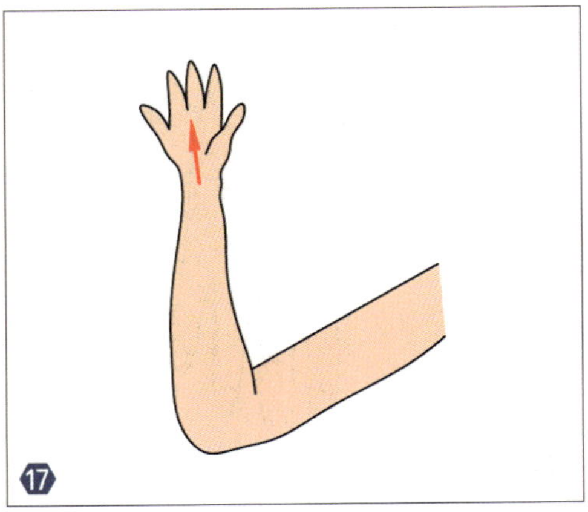

수근으로 손바닥을 쓸어준다.(수회)

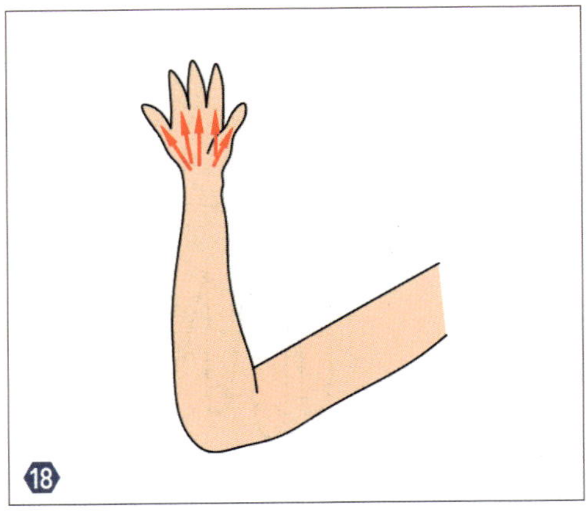

엄지를 이용하여 손바닥과 손가락을 밀어준다.(수회)

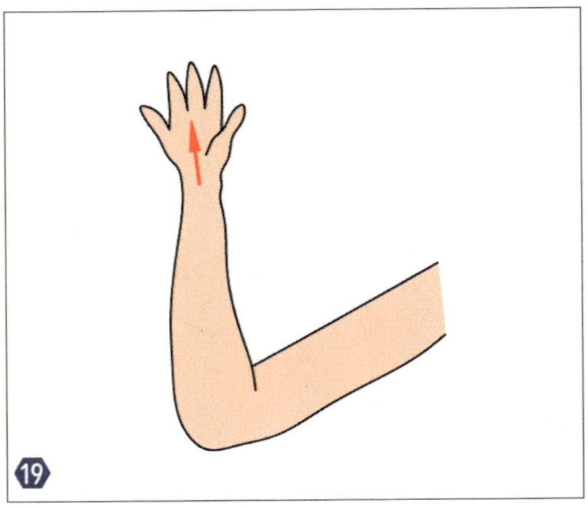

수근으로 손바닥을 쓸어준다.(수회)

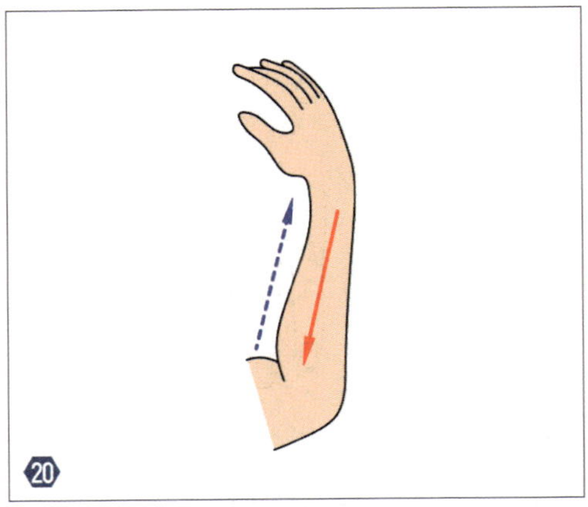

팔의 하완을 들어서 쓸어준다.(수회)

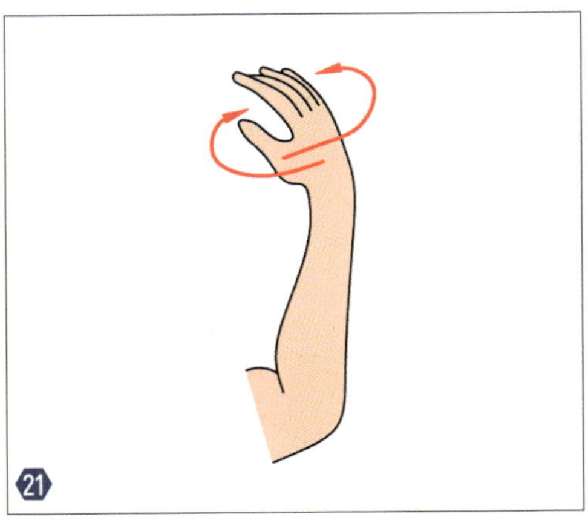

손목을 털어준다.(수회)

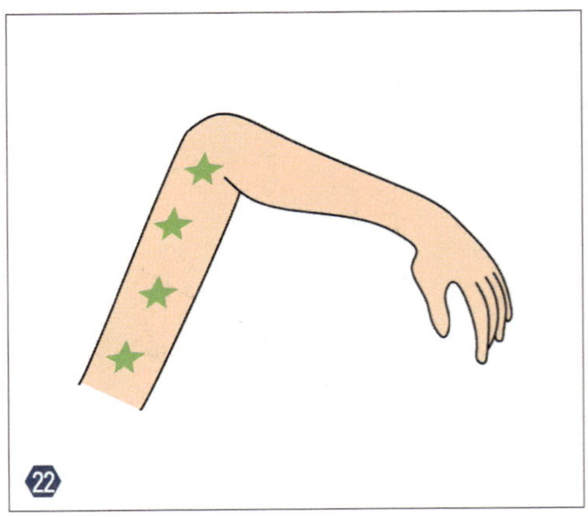

상완을 세워 두들겨준다.(수회)

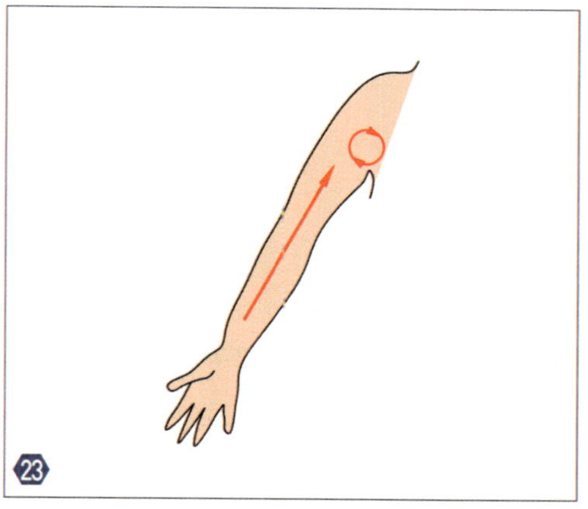

시술자의 바깥쪽은 피시술자의 손목을 잡아 고정하고, 안쪽 손바닥으로 시술자의 액와를 밀착하여 쓰다듬는다.(3회)

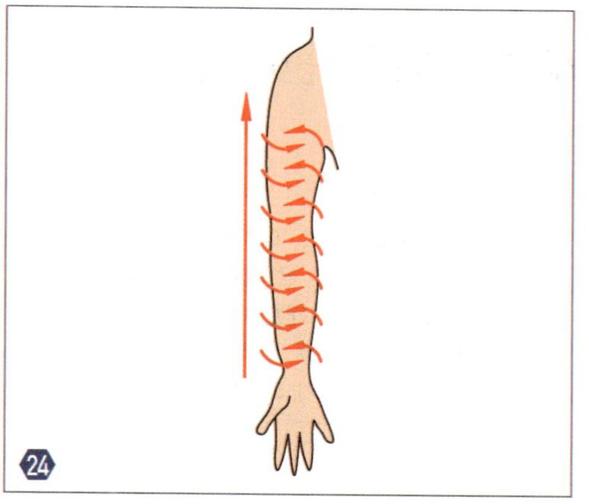

팔 위로 올라가서 내려올 때 빨래를 짜듯 비틀어 주며 내려온다.(3회)

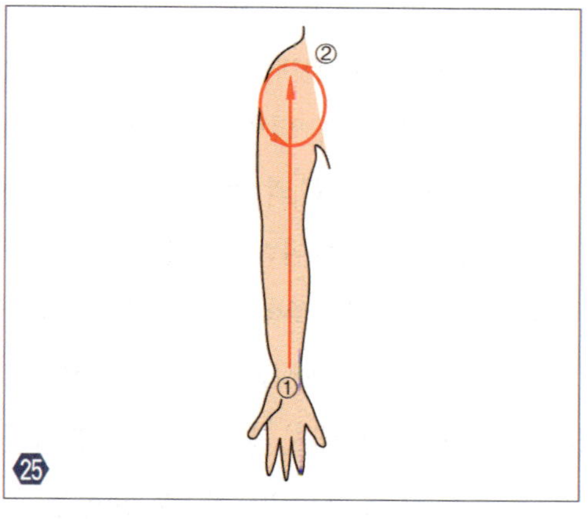

밀착하여 쓰다듬어 올라가 어깨를 돌아 내려온다.(3회)

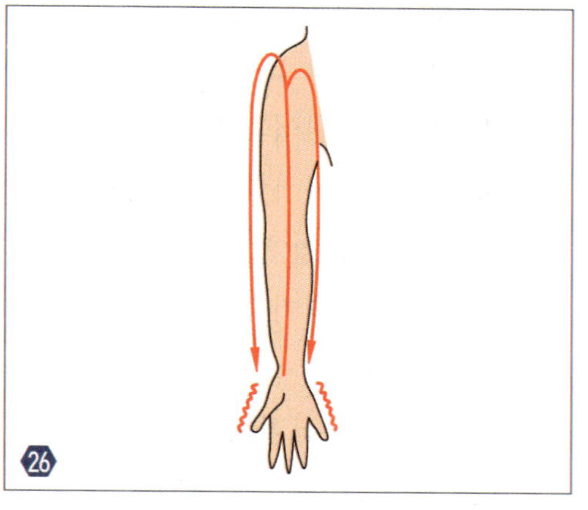

팔 전체를 쓸어주고 손목을 잡고 진동을 한다.(1회)

5) 주의사항

① 관리 부위를 제외한 나머지 부분은 타월로 잘 감싸준다.

② 뼈를 심하게 자극해서는 안 된다.

4 발, 다리 관리하기

학·습·목·표

- 고객의 발, 다리 피부를 파악하여 금기해야 할 관리를 피할 수 있다.
- 발과 다리 피부 유형에 맞는 제품을 선택할 수 있다.
- 발과 다리의 상태를 파악하고 목적에 맞는 매뉴얼 테크닉을 적용할 수 있다.
- 시간, 속도, 리듬, 밀착, 세기를 고려하여 발, 다리 매뉴얼 테크닉을 구사할 수 있다.
- 발부터 둔부까지 매뉴얼 테크닉을 적용할 수 있다.

1) 발, 다리 관리하기 개요

인체 중 발, 다리는 가장 체중이 많이 실리는 위치이다. 심장에서 다리로 뻗어나가는 동맥 안의 동맥혈이 모세혈관을 통해 세포로 영양분을 공급하고 정맥혈이 되어 모세혈관을 통해 흡수되어 정맥을 통해 심장으로 올라오게 된다. 이때 혈액이 심장에서 멀어지면서 혈액의 압력이 떨어지고, 중력의 압력을 받게 되면서 정맥 안에 혈액이 모이는 현상이 생기게 되는데, 이를 방지하기 위해 우리 몸의 정맥은 판막이 존재하게 된다. 즉 혈액 역류를 방지하기 위한 내피세포의 변형이다. 그래서 혈액을 다시 심장으로 보내기 위해서는 종아리의 운동이 필수적이다. 종아리 근육의 펌핑작용이 혈액을 짜주어 심장으로 되돌아가는 역할을 높이게 된다. 발을 제 2의 심장이라고 말하는 이유가 여기에 있다. 이 발목 펌핑 운동은 다양한 대사질환을 가진 환자들에게도 큰 도움이 되고 부종관리에도 효과적이다. 즉, 발과 다리의 형태와 균형을 파악하여 목적에 맞는 매뉴얼 테크닉과 도구를 활용해 피로해진 기능을 회복시킨다.

2) 발, 다리 관리 목적

발과 다리를 관리함으로써 혈액순환을 돕고 부종을 감소시키며, 긴장된 근육을 이완시켜 신체의 질적 기능 향상을 한다. 또한 임신 중후반으로 갈수록 피로해지고 붓는 다리를 효과적으로 관리함으로써 생활의 질적 향상을 도울 수 있다. 운동선수들의 신속한 근육관리로 다음 훈련에 무리가 없게 한다.

3) 발, 다리 관리 부적용 대상

① 정맥류

② 염증성 열이 나는 사람

③ 염증성 부종

④ 뼈가 약한 사람

⑤ 암 환자

⑥ 수술 직후

⑦ 접촉성 피부질환

4) 발, 다리 근골격계

(1) 하지대골

하지대(Pelvic Girdle)는 하지를 체간에 연결시키는 역할을 한다. 관골(Coxal Bones)이라고 하며 장골, 좌골 치골 3가지 뼈로 형성되어 있다.

① **장골**(Ilium)

관골의 대부분을 형성하는 뼈로서 천골과 천장관절(Sacraoiliac Joint)을 형성한다. 앞쪽은 상전장골극(Anterior Superior Iliac Spine, Asis), 뒤로는 상후장골극(Posterior Superior Iliac Spine, Psis)의 위치에서 끝난다.

② **좌골**(Ischium)

앉는데 필요한 뼈로서 관골의 아랫면을 형성하고 있는 구조이다. 그중 좌골조면(Ischial Tuberousity)은 신체의 체중을 받아주는 거친 부분이다.

③ **치골**(Pubic)

관골의 가장 앞쪽에 있는 뼈로서 앞쪽에서 융합되어 섬유연골관절인 치골결합(Pubic Symphysis)을 형성한다.

(2) 자유하지골

① **대퇴골**(Femur, Thigh Bone)

인체에서 가장 강하고 무거운 뼈이다. 대퇴골두(Head)는 관골의 관골구와 고관절을 이루고, 대퇴골경(Neck)은 뼈를 감싸는 골막이 없어 골절이 일어나기 쉬운 곳이다. 대전자(Greater Trochanter)와 소전자(Lesser Trochanter)가 있어 근육의 부착지로 활용된다.

② **슬개골**(Patella)

인체의 큰 종자골(Sesamoid Bone)로서, 대퇴사두근건 속에서 형성된 뼈이다.

③ **경골**(Tibia)

경골은 길이 30cm의 긴뼈로서 하퇴의 안쪽에 존재한다. 경골의 상단 안쪽을 내측과(Medial Condyles)와 상단 바깥쪽을 외측과(Lateral Condyles)라 하며 그 사이에 십자인대가 부착되는 과간융기(Intercondylar Eminence)가 있고 대퇴와 연결이 되는 슬관절이 있다. 하단은 내측복사뼈라 부르는 내과(Medial Malleolus)가 발목 안쪽융기를 형성한다.

④ **비골**(Fibula)

경골과 나란하게 있으며 비골은 대퇴골과 연결되지 않아 슬관절을 형성하지 않는다. 하단에 외복사뼈라 불리는 외과(Lateral Malleolus)가 발목의 바깥 융기를 형성한다.

⑤ **족근골**(Tarsal Bone)

발목을 이루는 7개의 뼈를 말하며 거골, 종골, 주상골, 제1, 2, 3 설상골, 입방골로 구성되어 있다.

㉠ **거골**(Talus) : 주상골 위에 있어 경골과 비골과 관절을 이루며, 종골(Calcaneus)과 관절하여 뒤꿈치로 무게중심을 전달하는 역할을 한다.

㉡ **종골**(Calcaneus) : 족근골 중에서 가장 크고 발뒤꿈치를 형성한다. 가장 강한 아킬레스 건(Achilles Tendon)에 연결된다.

㉢ **주상골**(Navicular Bone) : 발의 내측에 있는 배모양의 뼈로 거골과 설상골을 이어준다.

㉣ **제1, 2, 3 설상골**(Cuneiform Bone) : 주상골과 관절하며, 제1, 2, 3 설상골과도 관절한다.

㉤ **입방골**(Cuboid Bone) : 발의 외측을 담당하며 종골과 관절하고, 4, 5 중족골과 관절한다.

⑥ **중족골**(Metatarsal Bone)

발바닥을 형성하는 5개의 얇고 긴 뼈이다.

⑦ **지골**(Phalanges)

발가락을 이루는 마디뼈를 말하며 엄지발가락만 2개로 이루어져 있고, 나머지는 3개의 뼈로 구성된다.

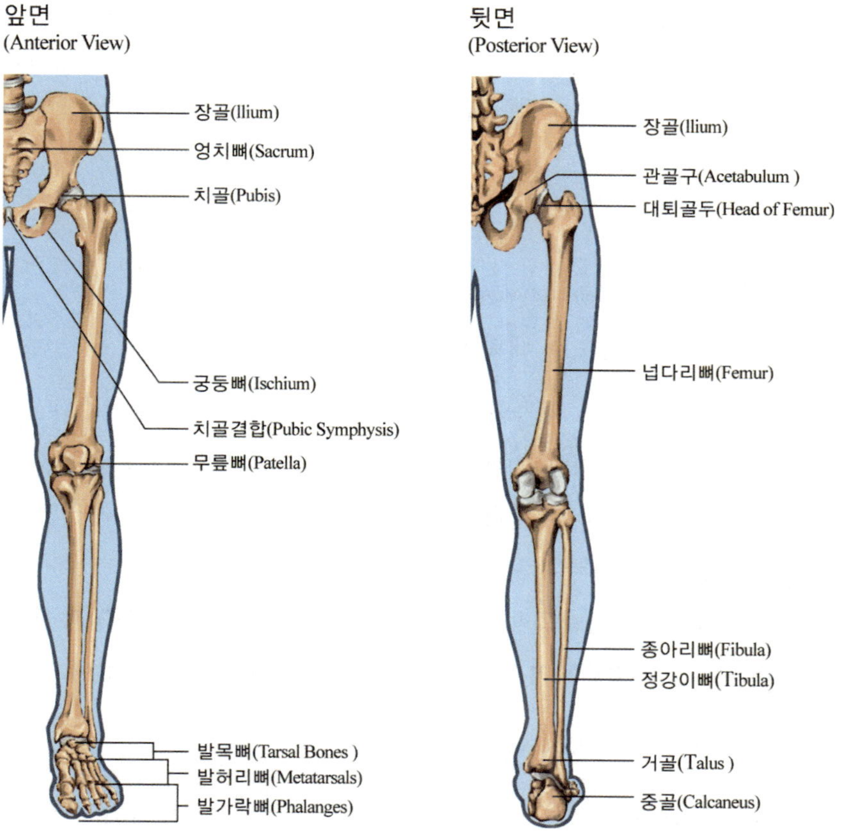

• 그림 17 • 팔, 다리 골격계

(3) 둔부 근육

① **대둔근**(Gluteus Maximus)

천골후면·미골·장골의 후면(상둔선)에서 기시하여 대퇴골 둔근조면과 장경인대에서 정지한다. 대퇴의 고관절 신전 및 외측회전을 담당한다. 계단을 오르거나 서 있는 자세를 유지할 때, 보행할 때 작용한다.

② **중둔근**(Gluteus Medius)

대둔근의 하층에 있고, 장골의 후면에서 기시하여 대퇴골의 대전자에 정지한다. 대퇴의 외전과 내측 회전을 담당한다. 보행이 좌우 균형을 맞추는 역할을 하며 이 근육의 약화 시 절뚝거릴 수 있다.

③ **이상근**(Piriform)

천골에서 기시하여 대퇴골 대전자에 정지한다. 대퇴의 외측 회전을 담당하며 이상근 안쪽으로 좌골신경이 지나가므로 이상근의 이상으로 좌골신경통을 유발시킬 수 있다.

(4) 대퇴 근육

① **내측대퇴근**(Medial Femoral Muscle)

내측의 5개 근육으로 대퇴의 내전에 작용한다.

㉠ **치골근**(Pectineus) : 치골의 표면에서 기시하여 대퇴골 소전자와 조선 사이에 정지한다. 대퇴신경이 지배되며 대퇴의 내전, 굴곡, 내측 회전에 관여한다.

㉡ **내전근**(Adductors) : 치골과 좌골에 기시하여 대퇴골 조선에 정지한다. 폐쇄신경이 지배되며 대퇴의 내전에 관여한다.

㉢ **박근**(Fracillis) : 치골결합, 치골하지에 기시하여 경골의 내측면 상부에 정지한다. 폐쇄신경에 지배되며 대퇴굴곡, 내전, 내측회전에 관여한다.

② **전대퇴근**(Anterior Femoral Muscle)

㉠ **봉공근**(Sartorius) : 상전장골극에 기시하여 경골상부내측면에 정지한다. 대퇴신경에 지배되며, 대퇴와 하퇴의 굴곡, 대퇴의 외측회전에 관여한다. 예전 봉제사들이 양반다리하고 재봉할 때 드러나는 근육이어서 흔히 봉제사의 근(Tailor's Muscle)이라고 한다.

ⓛ **대퇴 사두근**(Quadriceps Femoris) : 인체에서 가장 큰 근육으로 하퇴의 신전 및 대퇴를 굴곡시킨다. 다리를 위로 올릴 때, 즉 공을 찰 때 그 역할을 다한다. 대퇴직근, 내측광근, 중간광근, 외측광근으로 구성되며 모두 슬개골 저부, 슬개인대에서 경골 조면까지 이어진다. 대 슬개골 반사 시 검사부위로 활용되며, 유아의 예방접종 시 외측광근에 주사부위로 이용되기도 한다.

③ **후대퇴근**(Hamstling Muscle)

㉠ **대퇴이두근**(Biceps Femoris) : 기시부가 2부위이다. 단두는 대퇴골 조선외측순, 장두는 좌골조면이며 비골두와 경골외측과에 정지한다. 좌골신경에 지배되며 대퇴의 신전, 하퇴의 굴곡, 하퇴의 외측회전에 관여한다.

ⓛ **반건양근**(Semitensinosus) : 좌골조면에 기시하여 경골의 상부 내측면에 정지한다. 좌골신경에 지배되며 대퇴의 신전, 하퇴의 굴곡, 화퇴의 내측회전에 관여한다.

ⓒ **반막양근**(Semimembranosus) : 좌골조면에 기시하여 경골의 내측과에 정지한다. 좌골신경에 지배되며 대퇴의 신전, 하퇴의 굴곡, 화퇴의 내측회전에 관여한다.

④ **하퇴근**(Anterior Crural Muscle)

㉠ **비복근**(Gastrocnemius) : 종아리를 형성하는 대표적인 하퇴근육이다. 대퇴골 내측상과와 외측상과에 기시하여 아킬레스건이 종골로 연결되어 있다. 발의 족척굴과 슬관절의 굴곡에 관여한다.

ⓛ **가자미근**(Soleus) : 경골의 넙치근선, 비골의 후면에 기시하여 종골융기에서 정지한다. 발의 족척굴과 슬관절의 굴곡에 관여한다.

뒤 왼쪽 엉덩이와 넓적다리 근육
(Muscles of the posterior left hip and thigh)

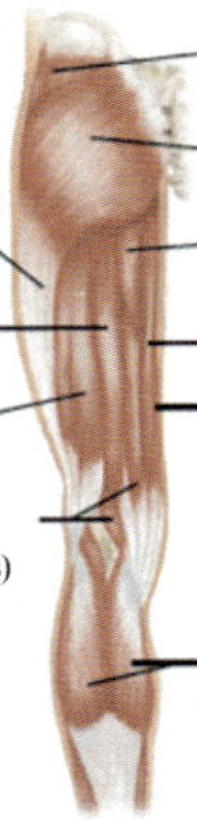

바깥쪽 왼쪽 다리의 근육
(Muscles of the lateral left leg)

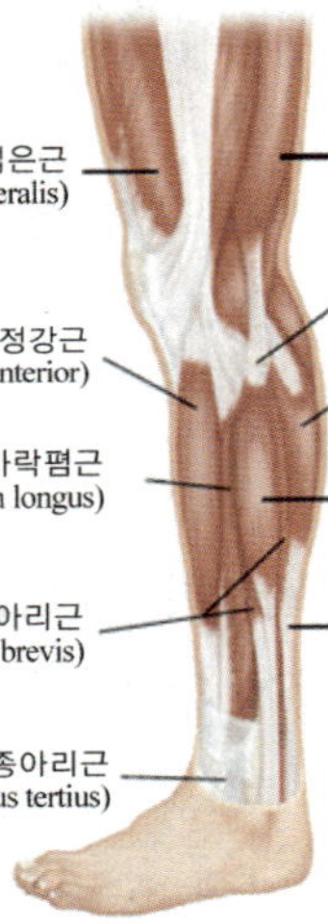

앞 왼쪽 엉덩이와 넓적다리 근육
(Muscles of the anterior left hip and thigh)

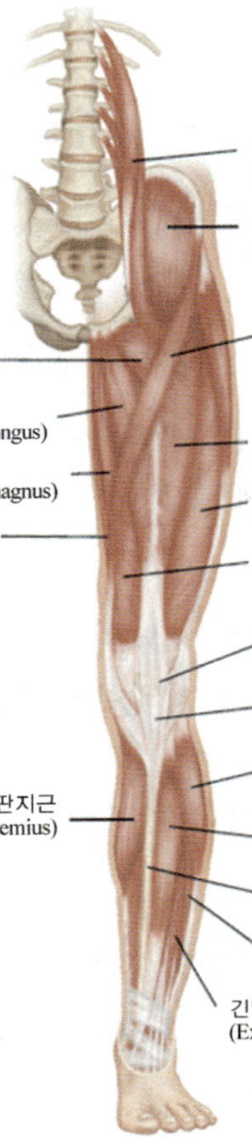

• 그림 18 • 팔, 다리 근육계

5) 발, 다리 관리하기

① 관리 부위 외 신체 다른 부위는 타월로 잘 감싸준다.
② 피부유형에 맞는 성분의 오일이나 크림을 바른다.
③ 복부 부위 피부와 근육 상태에 맞게 5가지 동작(쓸어서 펴 바르기, 밀착하여 펴 바르기, 어루만져 펴 바르기, 토닥토닥 펴 바르기, 떨며 펴 바르기)을 리듬, 세기, 속도, 밀착, 시간을 고려하여 테크닉한다.
④ 전신관리 기기를 활용하여 관리한다.
⑤ 온습포를 이용하여 깨끗하게 닦아낸다.
⑥ 토너를 이용하여 피부결을 정돈한다.
⑦ 피부유형과 고객의 니즈에 맞는 크림이나 로션으로 마무리한다.

(1) 뒷면 다리 관리

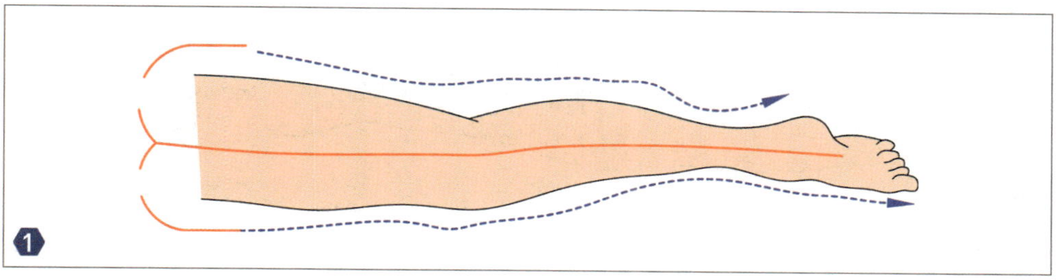

손바닥 전체를 이용하여 허벅지까지 쓰다듬어 올라간 후 옆면을 따라 가볍게 내려온다.(3회)

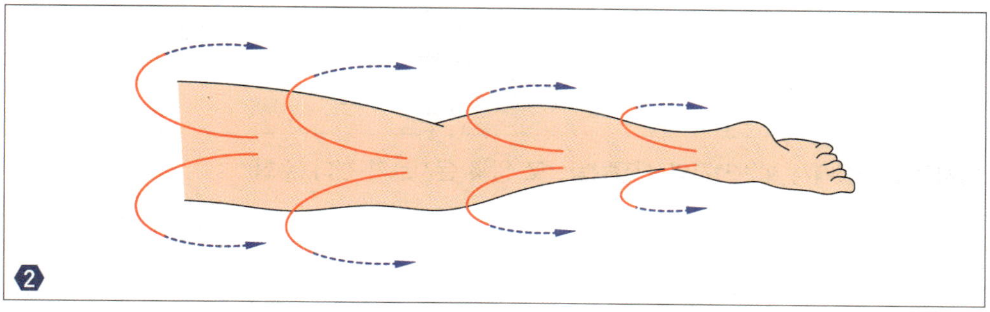

다리를 4~6부위로 나눈 뒤, 손을 모아 수영하듯이 손바닥으로 밀어 올린 후 옆면을 감싸서 내려온다.(3회)

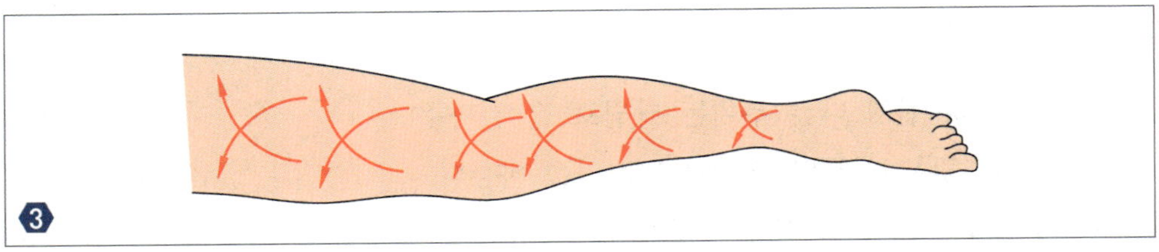

엄지와 수근을 이용하여 교차하듯 올라간다.(3회)

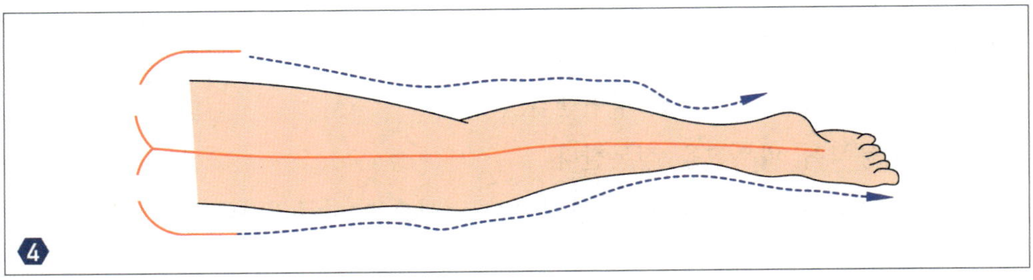

손바닥 전체를 이용하여 허벅지까지 쓰다듬어 올라간 후 옆면을 따라 가볍게 내려온다.(3회)

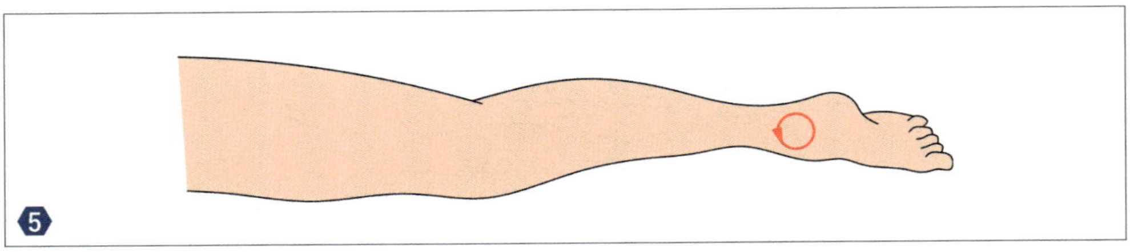

복사뼈 주변을 둥글려준다.(수회)

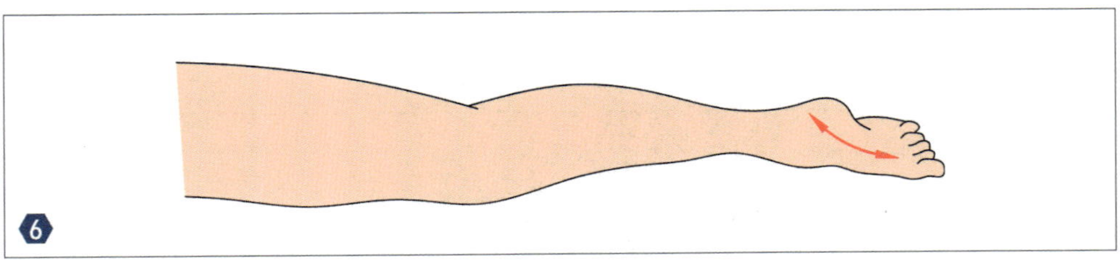

엄지로 용천혈에서 발반사구의 신장방향으로 왕복 문지르기 한다.(수회)

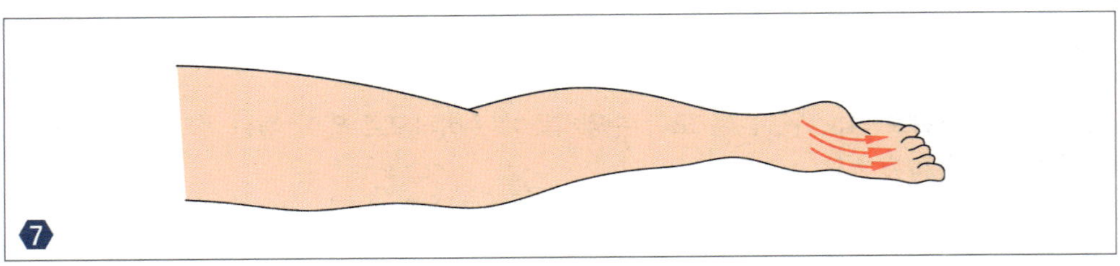

시술자는 방향을 바꾸고, 주먹을 가볍게 쥐고 발바닥을 문지른다.(수회)

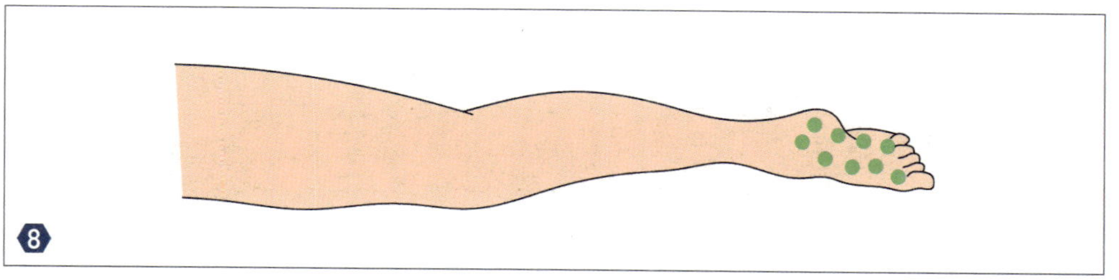

엄지를 이용하여 발바닥을 가볍게 눌러준다.(수회))

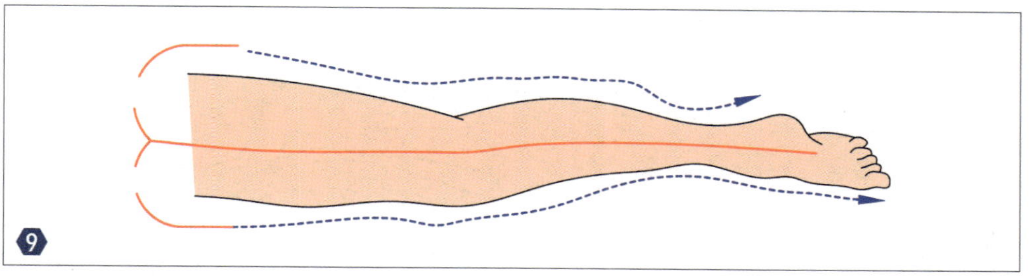

다리 전체를 가볍게 쓰다듬어준다.(3회)

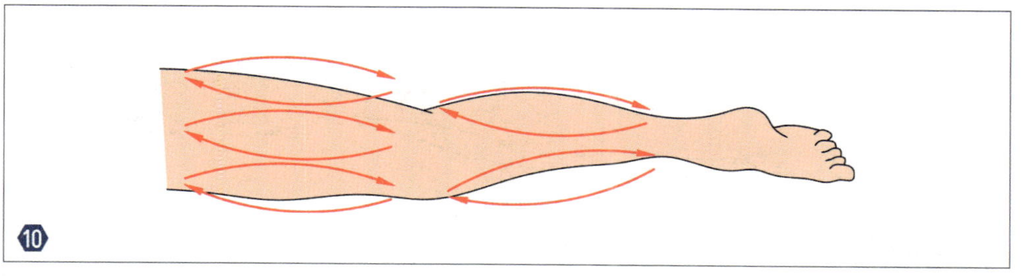

피시술자의 측면에서 손 전체를 이용해 반죽을 해준다.(3회)

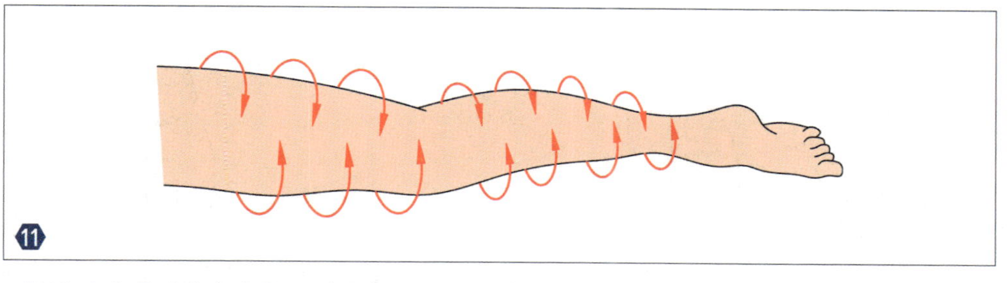

피시술자의 측면에서 손을 교차하여 반죽해준다.(3회)

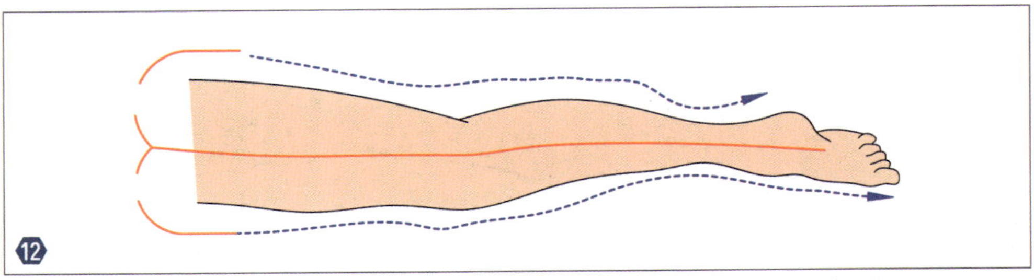

⑫ 다리 전체를 쓰다듬어 준다.(3회)

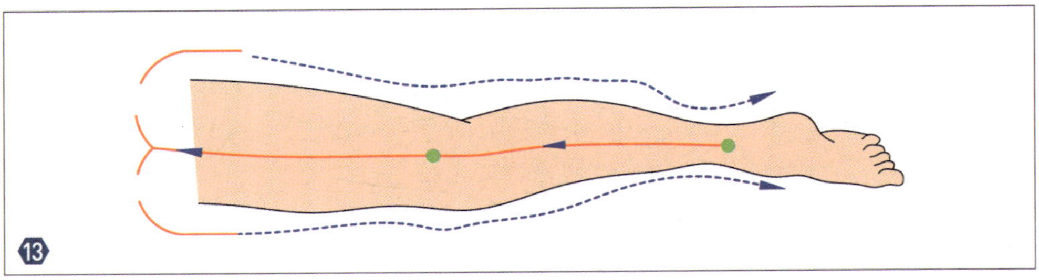

⑬ 엄지를 살짝 세워 다리의 중앙라인을 압하며 올라가 가볍게 옆라인으로 쓰다듬으며 내려온다.(3회)

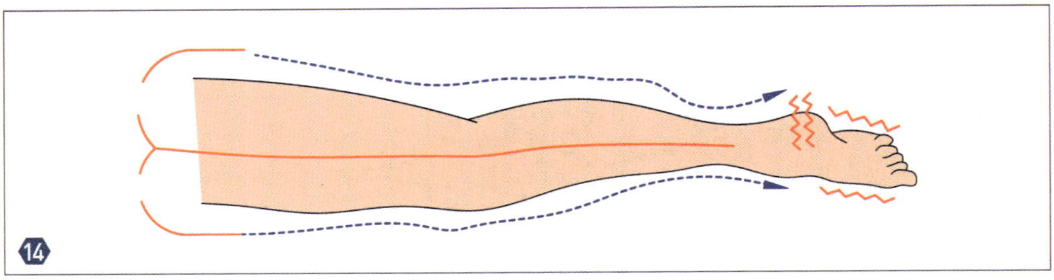

⑭ 다리 전체를 쓰다듬으며 내려와 발등과 종골을 잡고 진동을 준다.(1회)

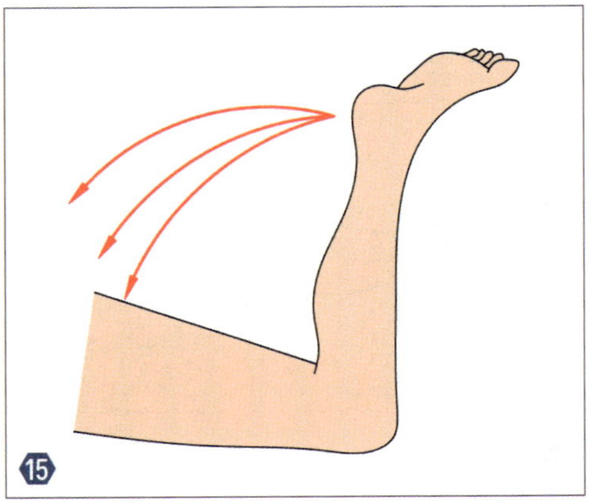

⑮ 종골을 허벅지 쪽으로 접어 3초간 유지한 후 제자리로 돌아온다.

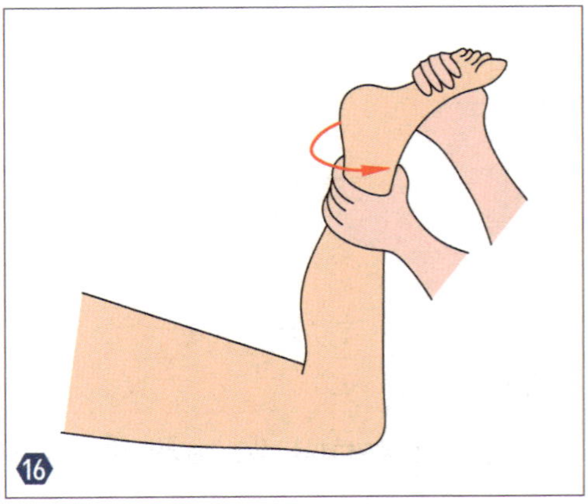

⑯ 발목을 잡고 원을 그려준다.(수회)

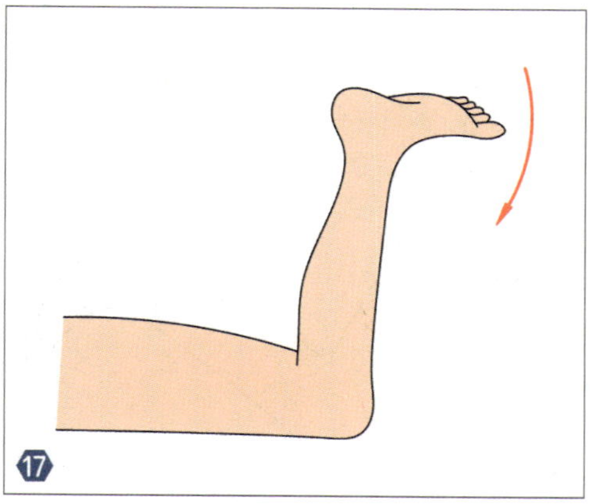

17 발바닥을 스트레칭 한다.(5초)

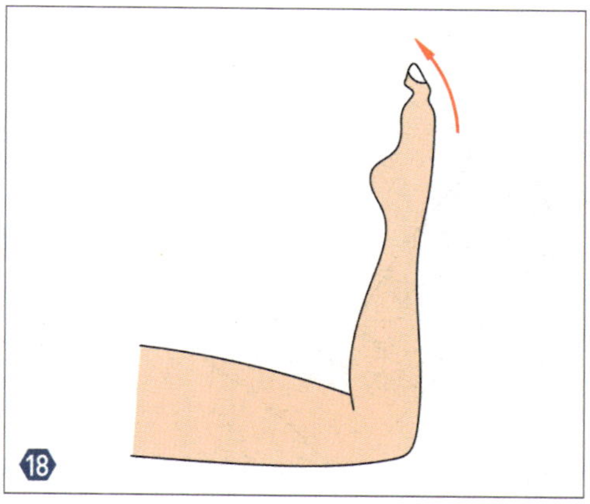

18 발등을 스트레칭 한다.(5초)

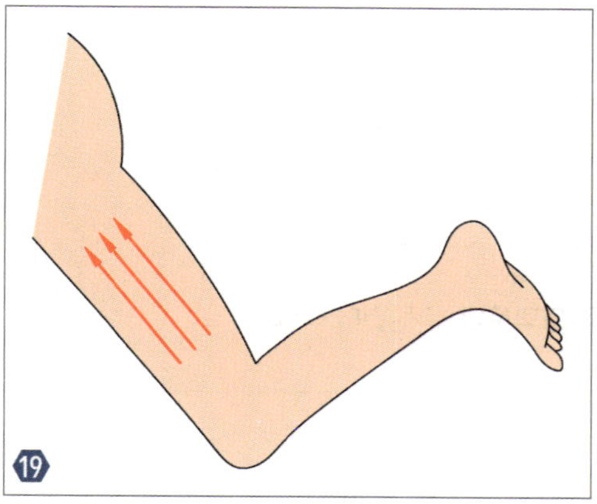

19 다리를 외측으로 구부려 눕힌 후 허벅지의 옆라인을 따라 손바닥과 주먹으로 문지른다.(수회)

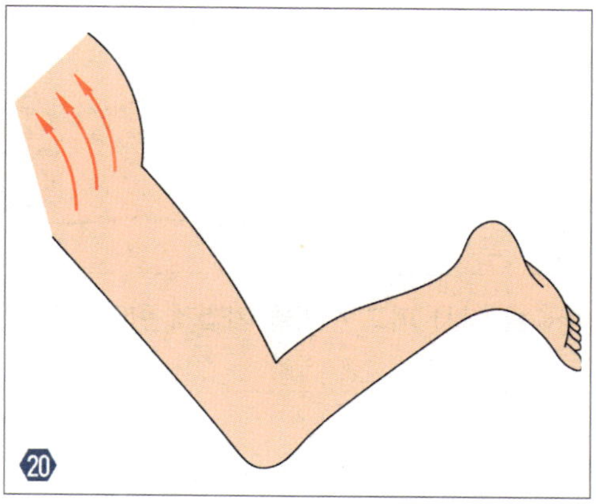

20 대둔근 부위까지 손바닥과 주먹으로 문지른다.(수회)

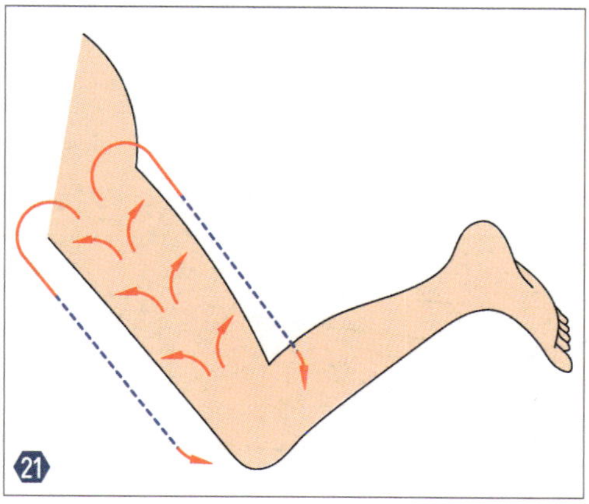

21 두 손바닥을 이용하여 대둔근 부위까지 나선형으로 문지르며 돌아온다.(수회)

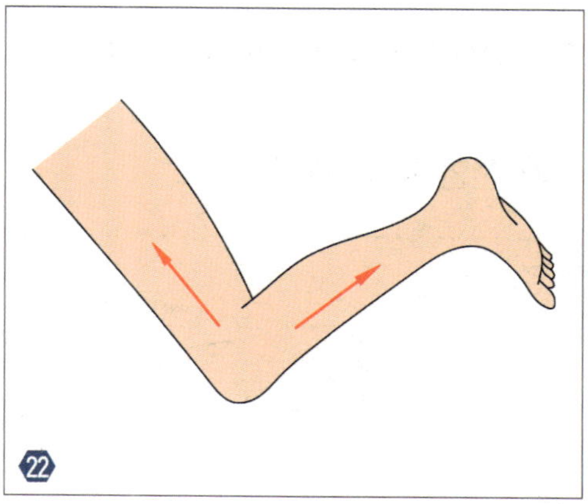

22 무릎을 중심으로 허벅지와 종아리를 같이 문지른다.(수회)

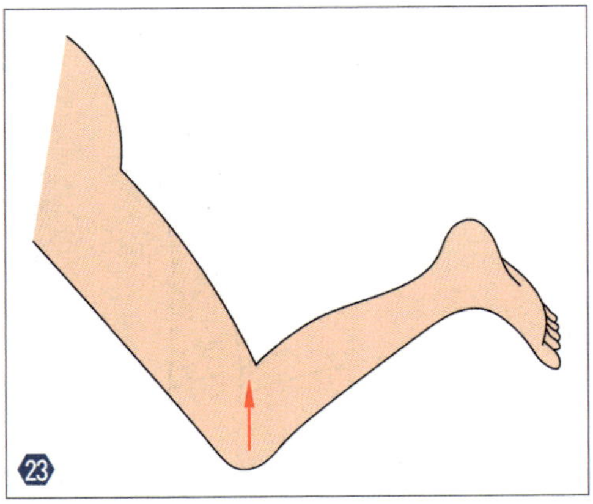

손날을 이용하여 슬와를 쓰다듬는다.(수회)

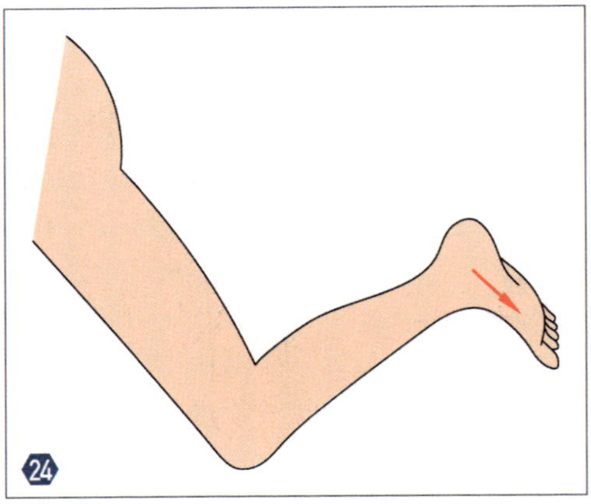

종아리를 따라 내려가서 발 옆라인을 꼼꼼히 풀어준다.(수회) 그리고 다시 다리를 펴준다.

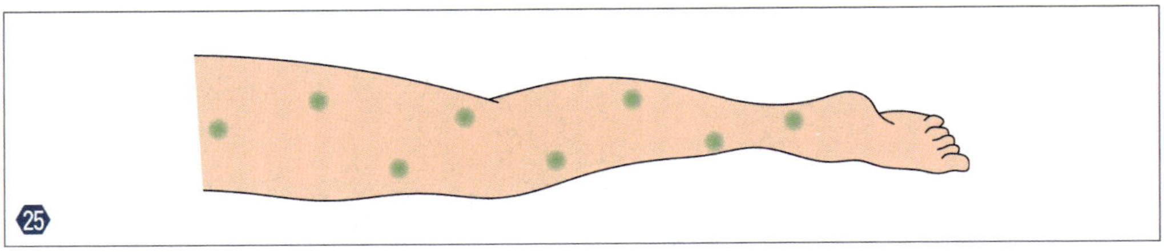

다리를 다시 펴고 주먹을 가볍게 쥐어 다리 전체를 토닥토닥 두들긴다.(수회)

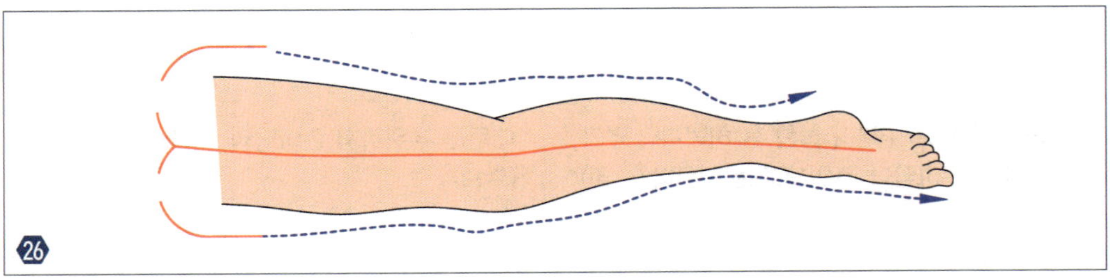

다리 전체를 쓰다듬어 주며 마무리한다.(1회)

(2) 전면 다리 관리

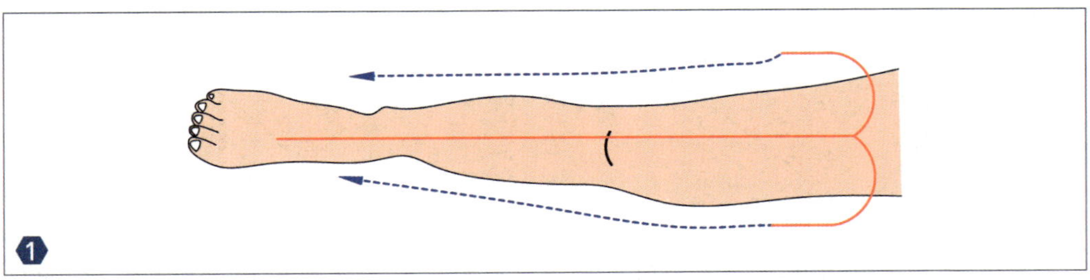

전체를 쓰다듬으며 올라가 옆라인타고 가볍게 쓰다듬어 내려온다.(3회)

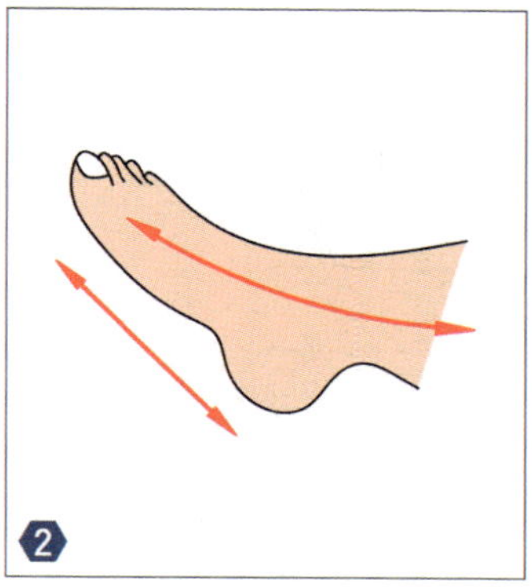

❷ 피시술자의 측면에서 손바닥을 이용해 발바닥과 발등을 밀착하여 왕복으로 쓰다듬는다.(수회)

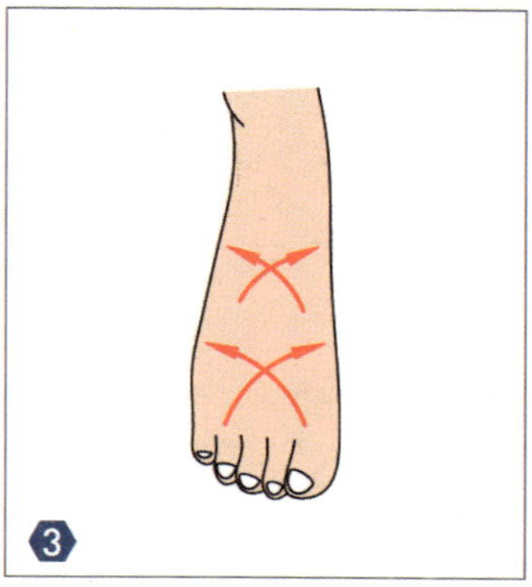

❸ 피시술자 발 방향으로 이동하여 수근을 이용하여 발등을 교차하여 문지른다.(수회)

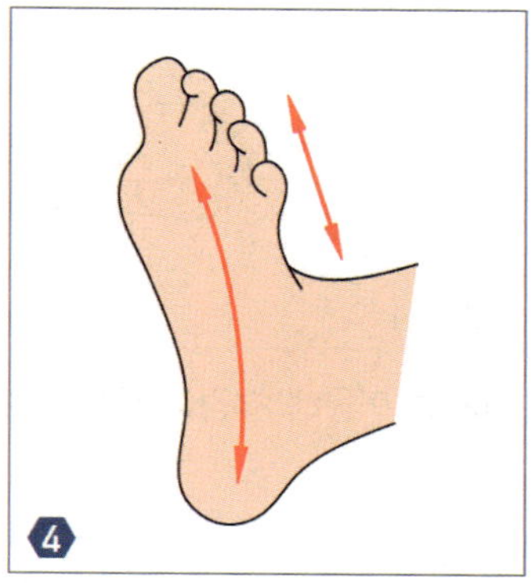

❹ 발바닥에 엄지, 발등에 4손가락을 위치하고 위아래로 문지른다.(수회)

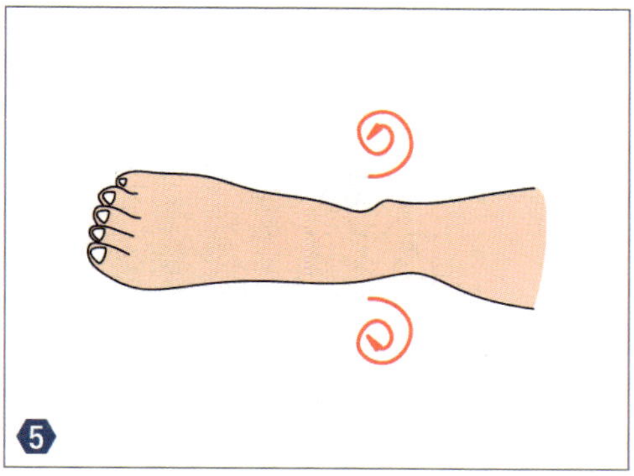

❺ 손가락으로 복사뼈 주변을 둥글린다.(수회)

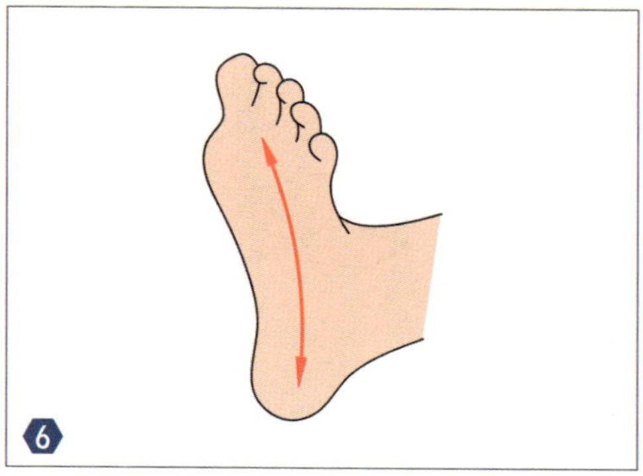

❻ 주먹을 이용하여 발바닥을 문지른다.(수회)

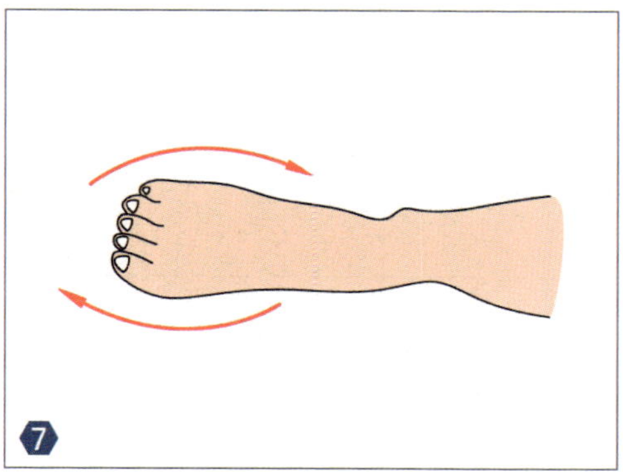

❼ 손바닥으로 발바닥을 흔들어준다.(수회)

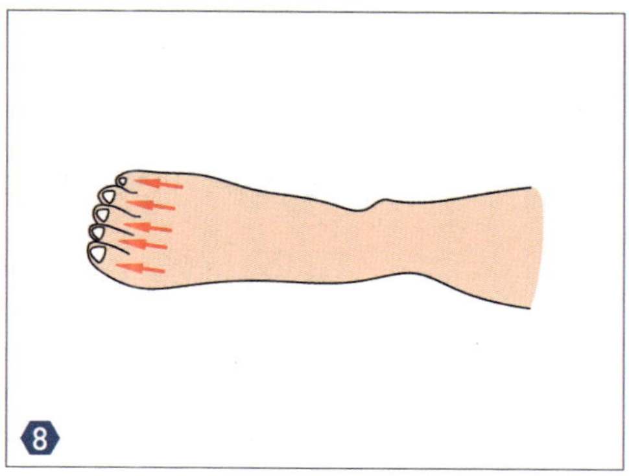

❽ 발가락 사이를 엄지로 파준다.(수회)

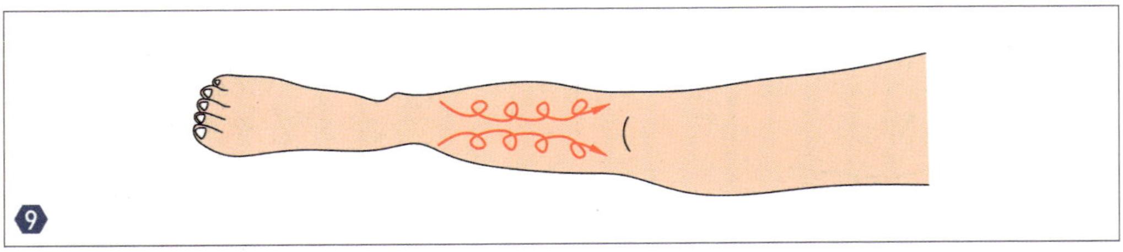

엄지를 이용해 정강이 주변으로 문지른다.(5회)

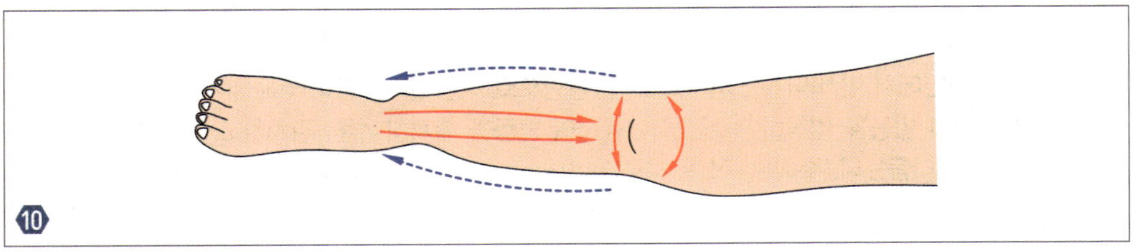

정강이를 밀착해서 쓰다듬고 슬개골 주변을 파준다.(5회)

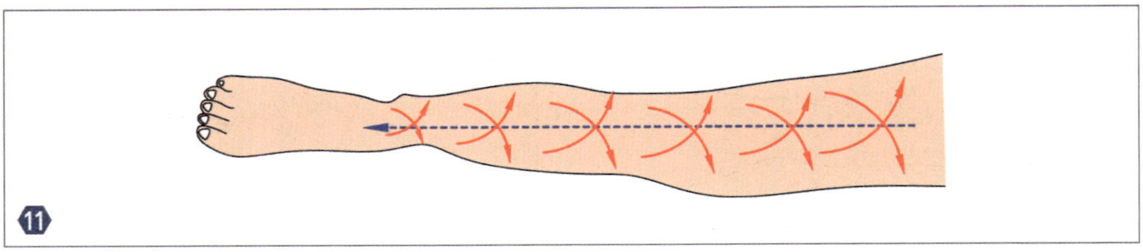

엄지로 교차하며 다리 전체를 문지른다.(3회)

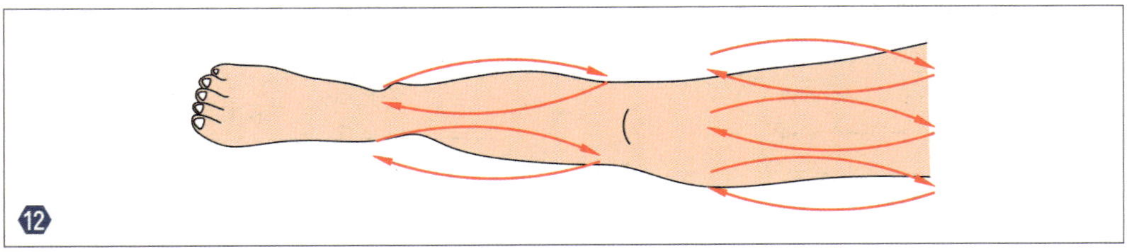

피시술자의 측면에서 손 전체를 이용해 반죽을 해준다.(3회)

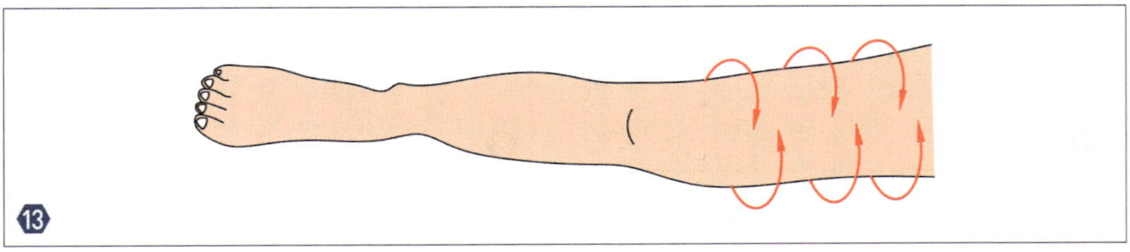

피시술자의 측면에서 손을 교차하여 허벅지를 반죽해준다.(3회)

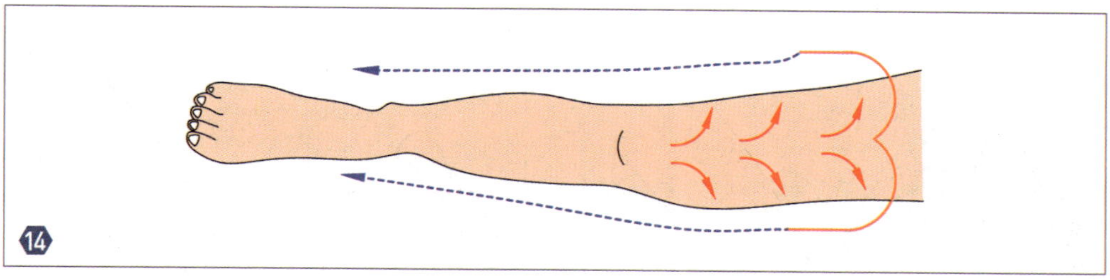

⑭ 두 손바닥을 이용하여 대둔근 부위까지 나선형으로 문지르며 돌아온다.(3회)

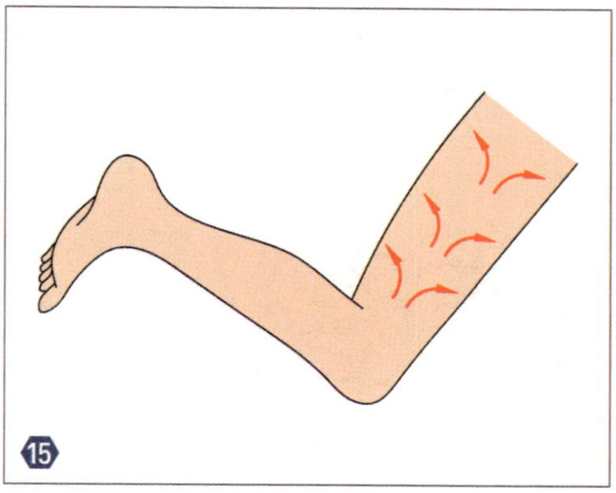

⑮ 다리를 외측으로 구부려 허벅지 안쪽을 나선형으로 문지른다.(3회)

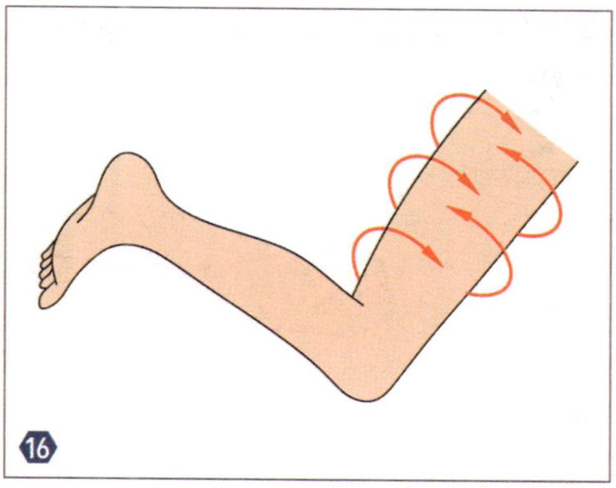

⑯ 피시술자의 측면에서 손을 교차하여 허벅지 안쪽을 반죽해준다.(3회)

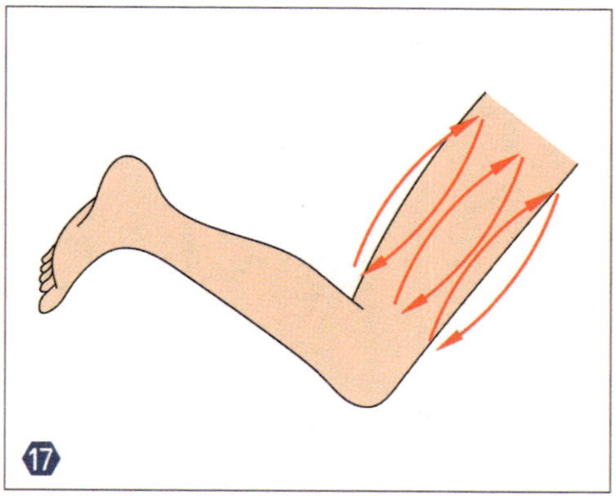

⑰ 피시술자의 측면에서 손 전체를 이용해 허벅지 안, 중간, 바깥을 반죽을 해준다.(3회)

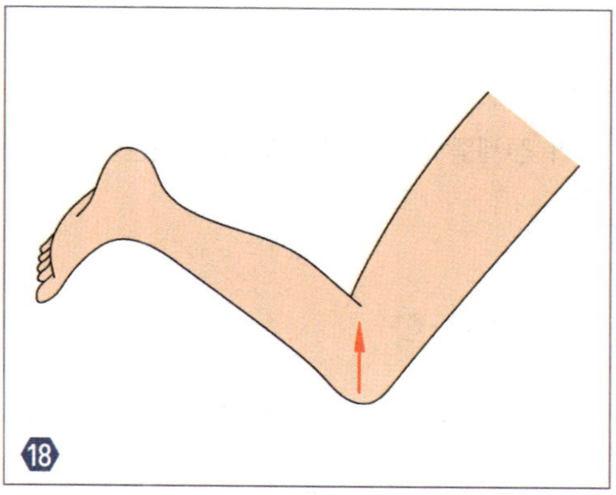

⑱ 손날을 이용하여 슬와를 쓰다듬는다.(수회)

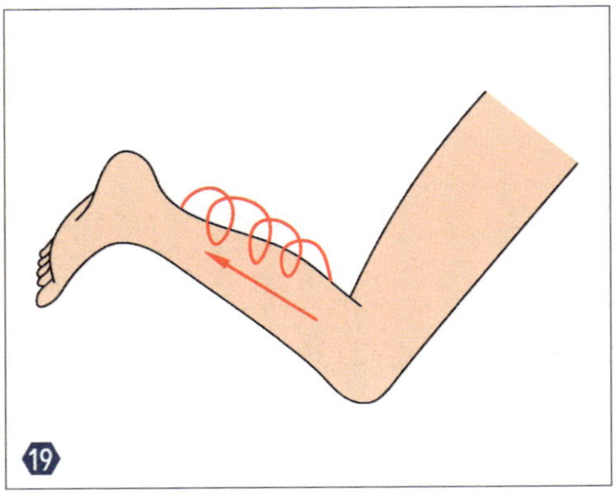

19 종아리를 중심으로 주물러 주고 쓰다듬는다.(수회)

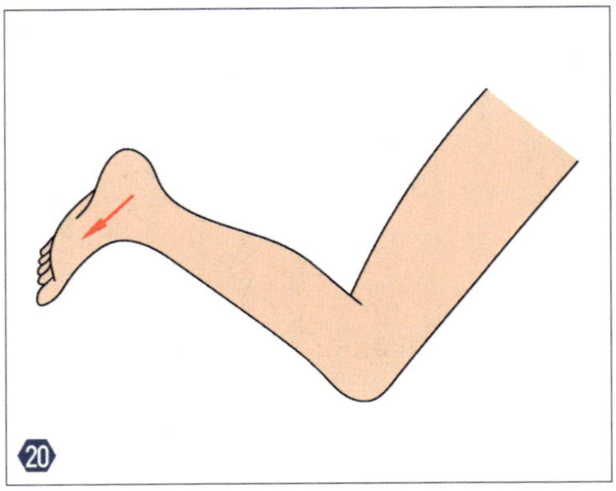

20 종아리를 따라 내려가서 발 옆라인을 꼼꼼히 풀어준다.(수회) 그리고 다시 다리를 펴준다.

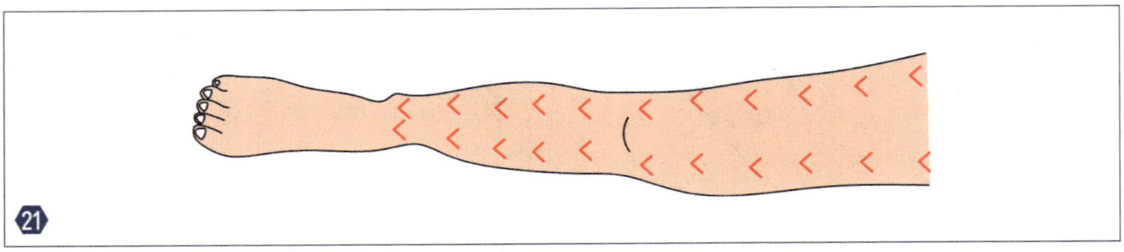

21 주먹으로 가볍게 두들겨 준다.(수회)

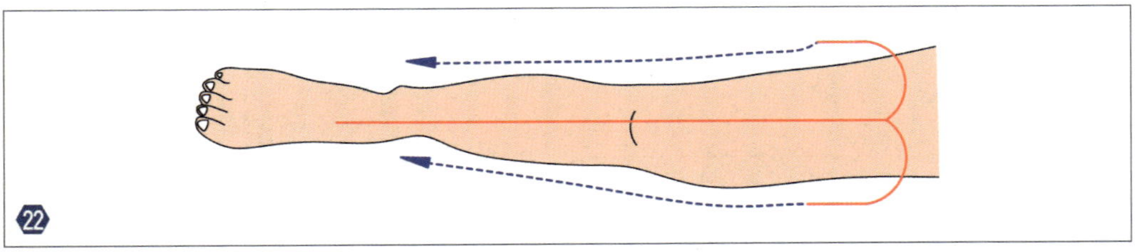

22 다리 전체를 쓰다듬어 가볍게 내려온다.(1회)

6) 주의사항

① 관리 부위를 제외한 나머지 부분은 타월로 잘 감싸준다.

② 금기적용 대상을 잘 확인한다.

5 가슴 관리하기

학·습·목·표

- 고객의 가슴 피부를 파악하여 금기해야 할 관리와 유두 부위를 피할 수 있다.
- 가슴 피부 유형에 맞는 제품을 선택할 수 있다.
- 가슴의 형태를 파악하고 목적에 맞는 매뉴얼 테크닉을 적용할 수 있다.
- 시간, 속도, 리듬, 밀착, 세기를 고려하여 가슴 매뉴얼 테크닉을 구사할 수 있다.

1) 가슴 관리하기 개요

가슴 관리는 단순히 가슴피부와 가슴의 탄력뿐만 아니라 호흡과 관련된 근육이 연결되어 있어 한국에만 있다는 화병관리에도 활용되는 것이 가슴관리이다. 최근에는 가슴 확대수술을 받는 여성들이 많아지면서 수술 사후 관리뿐만 아니라 처진 가슴 탄력관리 및 산후 모유 수유를 위한 관리로 특화 발전해 왔다. 가슴은 여성의 자존심인 만큼 예민할 수 있으니 관리사의 배려가 매우 중요하다. 즉, 세포피부상태 분석에 의한 가슴의 형태와 피부 유형을 파악하고 시간, 속도, 리듬, 밀착, 세기를 조절하여 테크닉을 구사하는 행위이다.(유두 부분은 감염이 잘 되므로 절대 만지면 안 된다.)

2) 가슴 관리 목적

유착된 근육부위에 혈액순환을 개선하여 탄력을 개선한다. 그리고 제품을 사용하여 건조한 피부에 보습을 주어 노화를 지연시키고, 모유 수유를 원활하게 하는데 목적이 있다. 관리 시 림프의 순환을 돕는 마사지로 노폐물 배출을 촉진하는 것을 목적으로 한다.

3) 가슴 관리를 위한 화장품 성분

① 히알루론산

히알루론산은 자기 몸의 1000배의 수분을 끌어당기는 성분으로, 우리 몸의 세포외 기질을 이루는 뮤코다당류의 일종이다. 히알루론산이 첨가된 화장품은 보습능력이 탁월하여 가슴 피부의 생기를 부여한다.

② 엘라스틴

피부 내에 탄력을 부여하는 엘라스틴을 화장품 성분으로 도포 시 피부의 퍼밍효과를 부여하여 가슴 탄력을 높인다. 임신으로 인해 가슴이 커져 생긴 튼살에 도움이 될 수 있다.

③ 플라센타

소, 돼지, 양 등의 태반을 저온 동결건조시켜 얻은 것으로 효소와 수용성 단백질 및 호르몬 등 인체에 유효한 성분을 함유하고 있어 피부 재생과 보습 및 미백을 목적으로 하는 제품에 사용된다. 최근에 식물의 씨눈에서 추출한 식물성 태반 추출물도 사용하고 있다.

4) 가슴 근골격계

(1) 흉곽

① 늑골(Ribs)

12쌍의 편평골로 이루어져 있으며 제 1 ~ 7늑골은 직접 흉골과 연결되어 있어 진늑골(True Ribs)이라 하고 제 8 ~ 12늑골은 흉골에 직접 연결되지 않아 가늑골(False Ribs)이라고 한다. 그 중 제 11 ~ 12늑골은 끝이 관절 없이 떠있으므로 부유늑골(Floating Ribs)이라고 한다.

② 흉골(Sternum)

흉각 안면에 위치한 편평골이며 길이는 14cm 정도이다. 위쪽은 흉골병(Manubrium), 중간은 흉골체(Body), 아래쪽은 검상돌기(Xiphoid Process)로 구분한다.

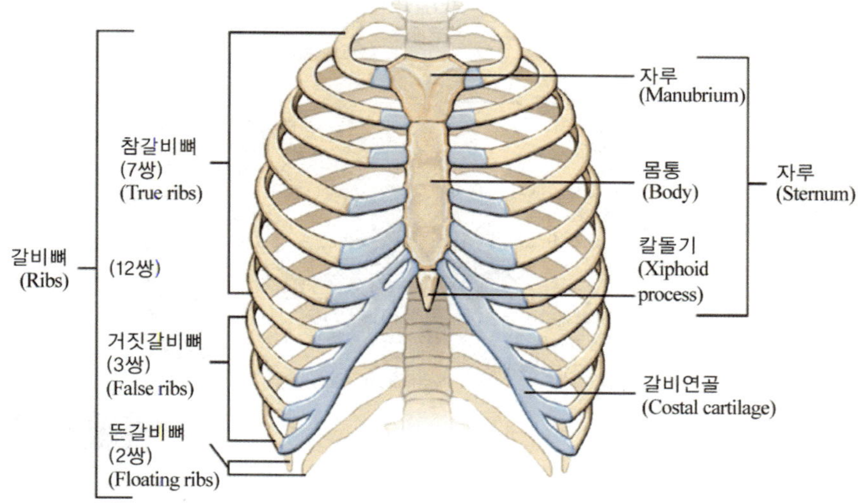

• 그림 19 • 가슴 골격계

(2) 가슴 근육

① **대흉근**(Pectoralis Major)

쇄골과 흉골, 제 1 ~ 6늑연골에서 기시하여 상완골의 대결절과 결절간구에 정지한다. 내외측 흉신경의 지배를 받는다. 상완의 굴곡과 내전, 내측회전을 주도하고 흉골과 늑골을 위로 당기는데 관여한다. 호흡 중 흡기에 관여하여 늑골을 올려 흉강을 넓힌다. 또한 유방이 이 근육과 관련 있다.

② **소흉근**(Pectoralis Minor)

대흉근 아래에 있는 근육으로, 제 3 ~ 5늑골의 외측연에서 기시하여 견갑골의 오훼돌기에 정지한다. 내측 흉신경의 지배를 받으며 견갑골을 전하방으로 당기는 역할을 한다.

③ **전거근**(Serratus Anterior)

견갑골을 앞으로 당기는 작용을 하는 근육으로 제 1 ~ 8 늑골의 외면에서 기시하여 견갑골의 척주연에 정지하며 장흉신경의 지배를 받는다. 주로 복서들이 주먹 펀칭 시 사용되는 근육이다.

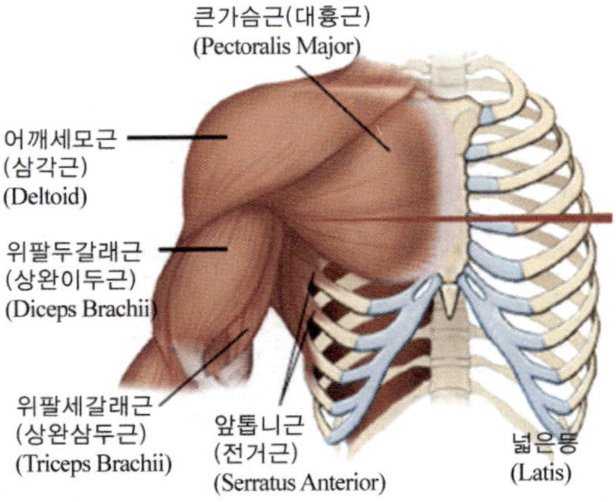

• 그림 20 • 가슴 근육계

(3) 가슴의 구조

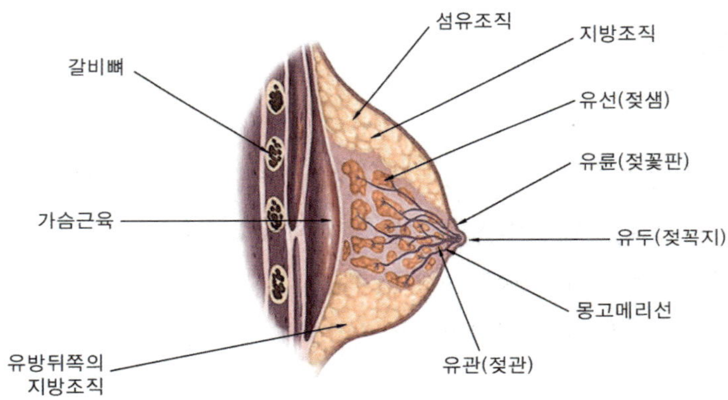

• 그림 21 • 가슴의 구조

① 유두(Papilla mammae)

일반적으로 젖꼭지라 불리며 양쪽 가슴의 중앙에 있어 모유가 사출되는 곳이다. 유두는 4번째 갈비뼈 부근에 위치하며 약간 바깥쪽을 향하고 있으며 뒤로는 약 15~25개의 유관이 연결되어 있다. 유두에는 땀샘이 존재하므로 사이에 노폐물이 낄 수 있어 청결하지 않을 경우 냄새가 날 수 있다.

② 유륜(Areola)

젖꽃판이라고 하며 유륜 주변부를 둘러싸고 있는 피부 조직으로, 일종의 젖물림판 역할을 한다. 작게는 1.5~6cm에 이른다. 임신 시 색이 진하게 착색되기도 한다.

③ **몽고메리선**(Mongomery gland)

유륜에 분포되어 있는 피지선으로 유륜을 부드럽게 하는 윤활액을 분비하여 애기가 젖을 먹을 때 입술 점막을 다치지 않게 하며, 입술에서 잘 미끄러지지 않게 고정하는 역할을 하게 된다. 임신 시 간혹 피지선의 발달로 여드름과 같이 울퉁불퉁하게 솟아 오르는 경우가 있는데, 이때 피지를 제거하면 유륜이 약해지거나 분비선 부위에 염증 등 문제가 발생될 수 있다.

④ **유관**(Milk tube)

유선에서 분비된 젖의 이동 통로로 유두를 통하여 배출한다.

⑤ **유선**

젖샘으로 유방 한쪽에 약 15~20개 정도 있으며 유방에 골고루 분포하여 모유를 생산한다. 유선 조직은 젖을 생산하는 꽈리샘과 생산된 젖이 분비되는 젖관으로 되어 있는데 젖샘이 수십 개 또는 백 개 정도 모여 소엽(小葉)을 이루고, 다시 이들 소엽이 20~40개 모여서 대단위 젖샘을 이룬다.

⑥ **지방조직**

유방 전체에 분포하여 부드러움을 갖게 한다.

⑦ **섬유조직**

유방의 형태를 유지시켜주며 탄력을 부여한다.

⑧ **가슴근육**

가슴의 모양을 유지하고, 어깨와 팔에 정지하여 팔운동이 가능하게 한다.

⑨ **유방 뒤쪽 지방조직**

흉근막과 유방을 분리하는 역할을 한다.

5) 가슴 형태 분류

유방의 형태는 유전, 인종, 연령, 영양 상태, 임신, 분만, 수유의 영향을 받아 다양해질 수 있다. 유방의 형태는 돌출 형태에 따라 4종류로 나눌 수 있다.

(1) 사발형(Bowl-shaped type)

주로 사춘기 후기에서 많이 보이는 형태로 앞으로 돌출한 길이가 유방 기저부 주위의 반지름보다 작다. 유방의 아래쪽이 위쪽보다 더 발달되어 있기 때문에 유두가 약간 위로 향한 느낌이 든다.

(2) 반구형(Hemispherical type)

한국 여성들에게 비교적 많은 형태로 성형외과에서 인기있는 물방울 가슴성형의 형태이다. 아래와 위가 서로 대칭적으로 유방 조직이 고루 발달되었으며 조형적으로 아름다운 모양을 나타낸다.

(3) 원추형(Conical type)

주로 흑인 여성들에게서 나타나는 가슴 형태로 유방에서 유두까지 뾰족한 느낌을 주어 속옷을 입었을 때 풍만함이 드러나는 형태이다.

(4) 하수형(Elongated type)

수유를 길게 하거나 나이가 많은 여성들에게 나타나는 형태로서 앞으로 돌출된 유축의 길이가 너무 길어 늘어지는 형태를 말한다. 유두가 아래로 향해 있어 처진 느낌이 든다.

6) 가슴 관리하기

① 관리 부위 외 신체 다른 부위는 타월로 잘 감싸준다.

② 유두 부위를 소독한다.

③ 피부유형과 고객의 니즈에 맞는 성분의 오일이나 크림을 바른다.

④ 가슴 부위 피부와 근육 상태에 맞게 5가지 동작(쓸어서 펴 바르기, 밀착하여 펴 바르기, 어루만져 펴 바르기, 토닥토닥 펴 바르기, 떨며 펴 바르기)을 리듬, 세기, 속도, 밀착, 시간을 고려하여 테크닉한다.

⑤ 전신관리 기기를 활용하여 관리한다.

⑥ 온습포를 이용하여 깨끗하게 닦아낸다.

⑦ 토너를 이용하여 피부결을 정돈한다.

⑧ 피부유형과 고객의 니즈에 맞는 크림이나 로션으로 마무리한다.

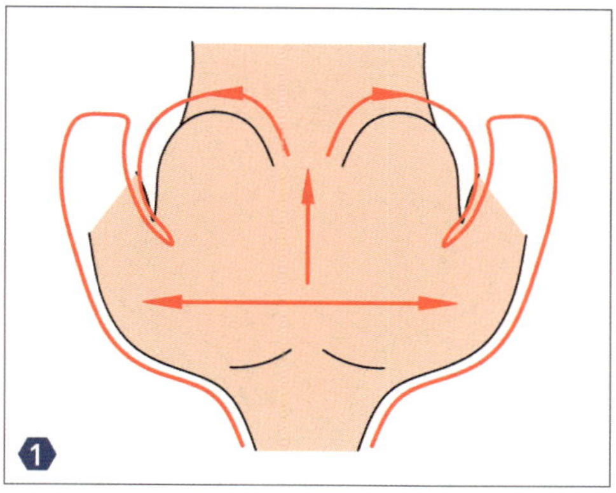

오일을 손에 덜어 데콜데 – 가슴중앙, 가슴 라인, 어깨라인을 쓸어준다.(3회)

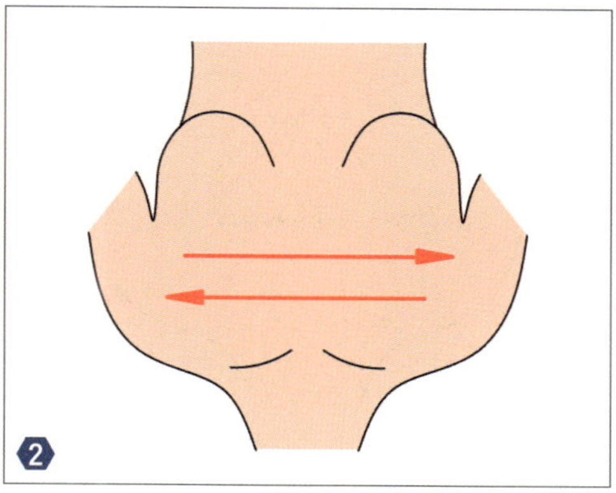

데콜데 부위를 손바닥으로 쓸어준다.(수회)

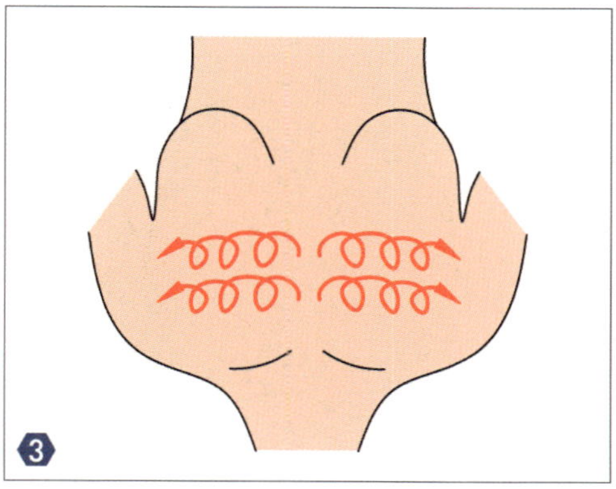

주먹을 쥐고 데콜데 누위를 밀듯이 둥글려 문지른다.(3회)

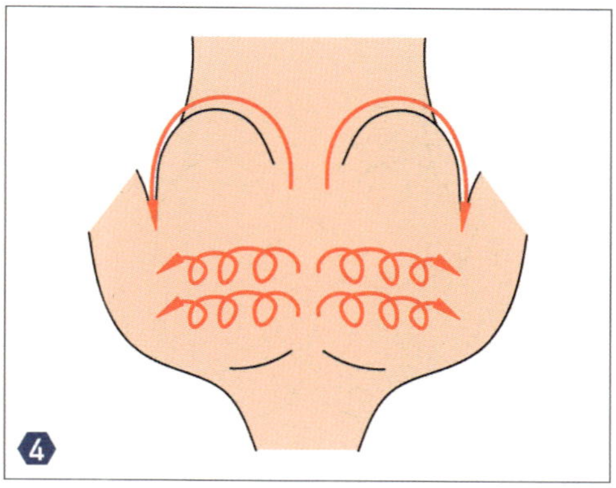

손바닥으로 가슴을 데콜데 위로 끌어당기듯 둥글려 액와로 보낸 후, 가슴 중간을 통해 가슴 아래라인을 쓸어 액와로 보내준다.(3회)

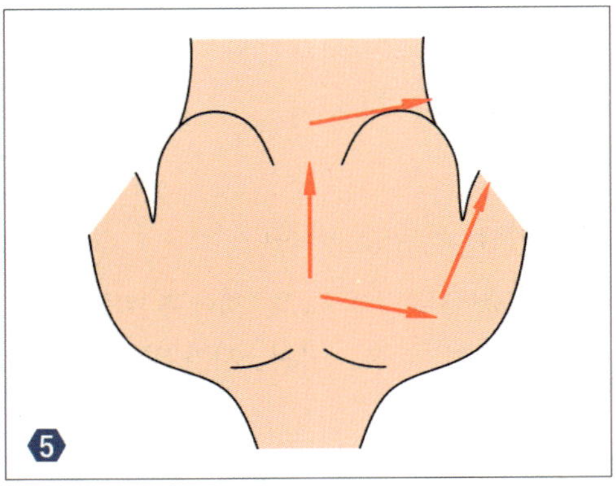

손바닥으로 쇄골과 가슴중앙(흉골)을 밀어준 후 가슴 아래와 팔라인(상완이두근)을 따라 밀어준다. 그 후 반대쪽 가슴도 동일하게 해준다.(3회)

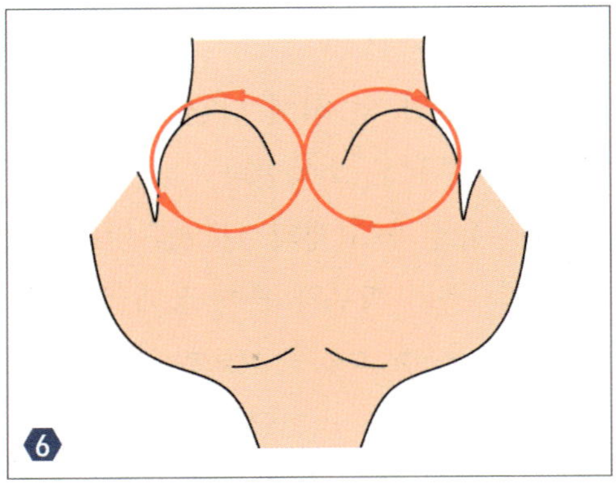

가슴을 8자로 그려준다.(5회)

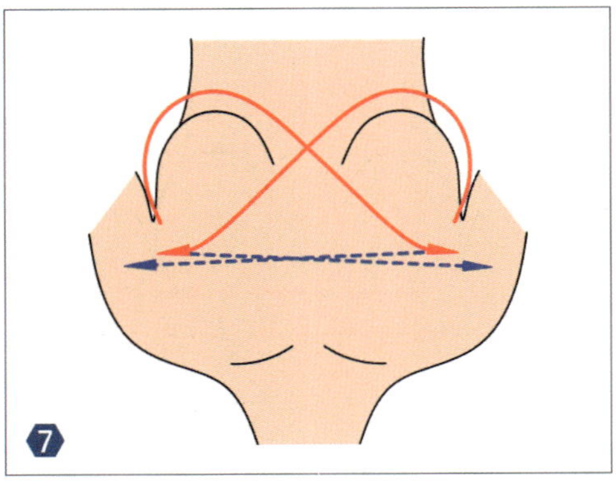

손을 교차하여 데콜데 중앙에서 시작하여 액와로 들어간 후 가슴 아래를 쓸어 올라온다.(3회)

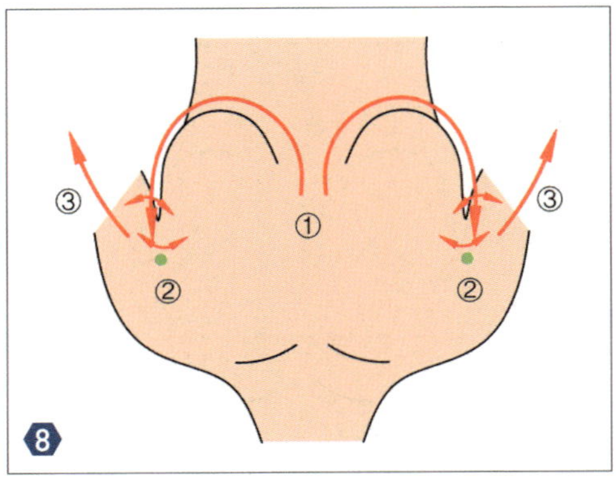

가슴 라인을 쓸어 액와로 와서 팔을 들어주고 액와를 8자 그리기 해주어 팔 방향으로 끌어 당겨준다.

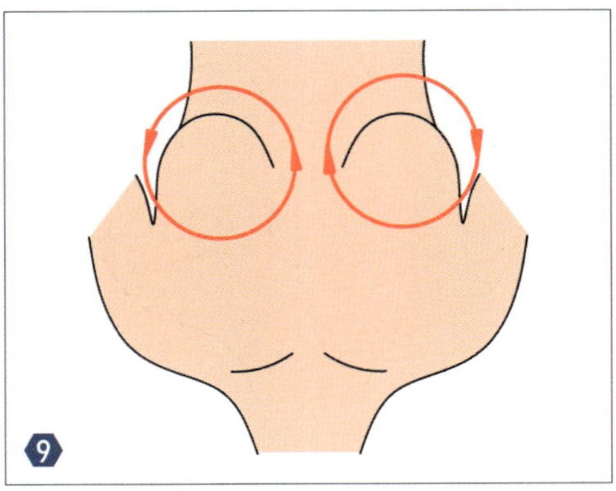

고객의 측면에서 가슴 한쪽씩 원을 그리며 마지막에 액와 방향으로 밀어준다.(5회)

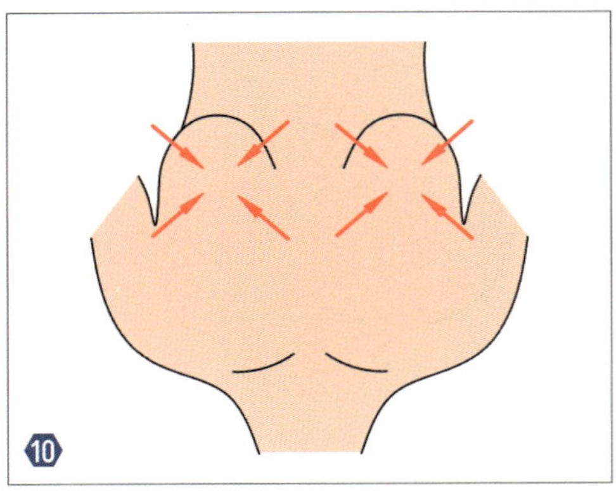

손을 모아 가슴을 모아서 튕긴다.(5회)
반대쪽으로 가서 9, 10번을 반복한다.

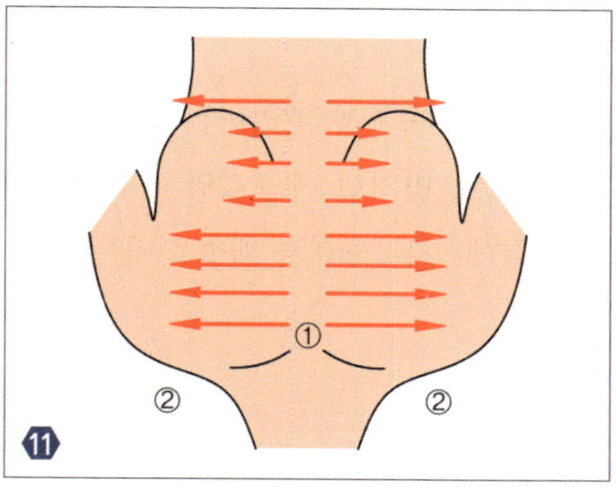

고객의 머리 위로 가서 양쪽으로 늑골을 파준 후 액와 – 팔 – 어깨를 거쳐 목에서 마무리한다.(3회)

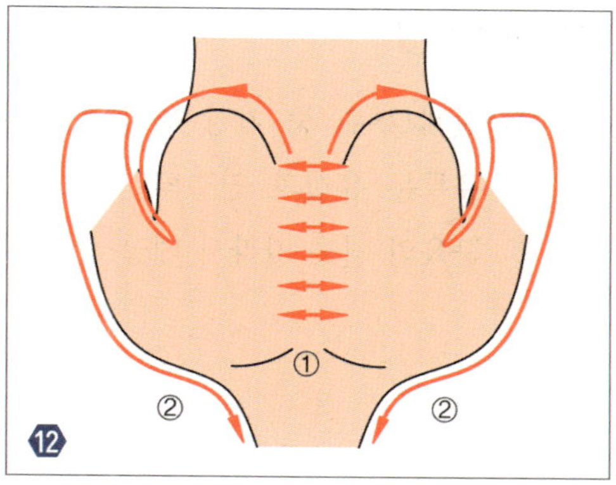

엄지로 흉골을 교차하여 풀어준 후, 가슴 밑을 돌아 액와 – 팔 – 어깨를 거쳐 목에서 마무리한다.(3회)

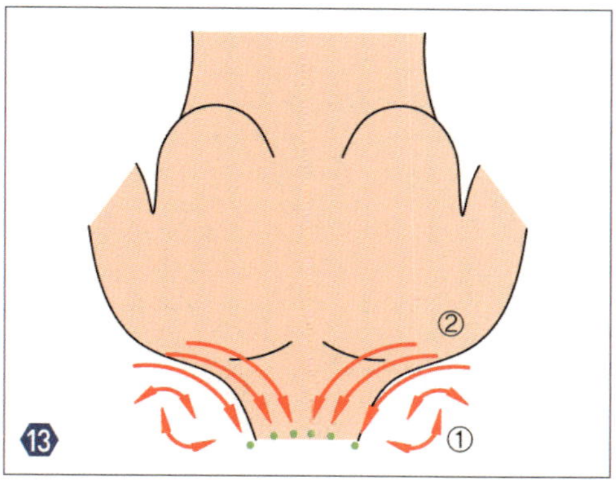

승모근 라인을 반죽해준 후 후두골 라인을 끌어올려 마무리 해준다.(3회)

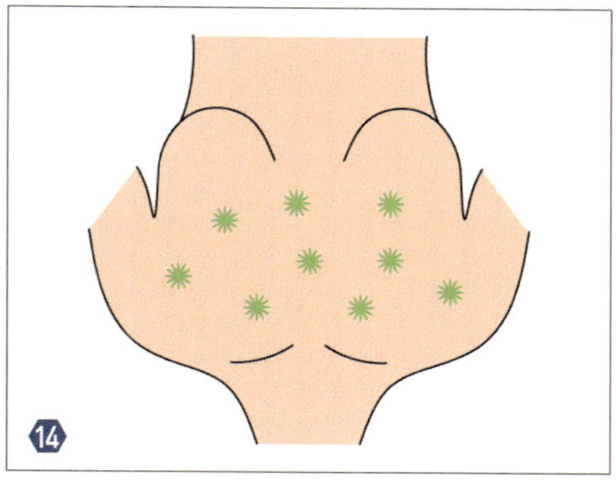

손가락 패드 부분으로 가슴 주변을 탭해준다.(수회)

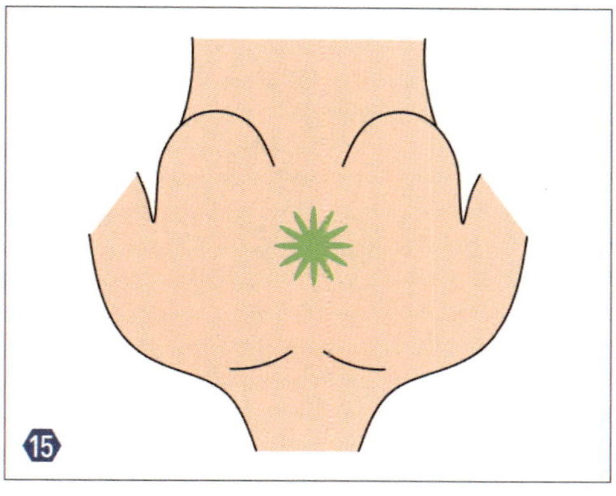

가슴 중앙에 손을 겹쳐 올린 후 피시술자의 호흡이 날숨일 때 가볍게 누르며 진동을 준다.(3회)

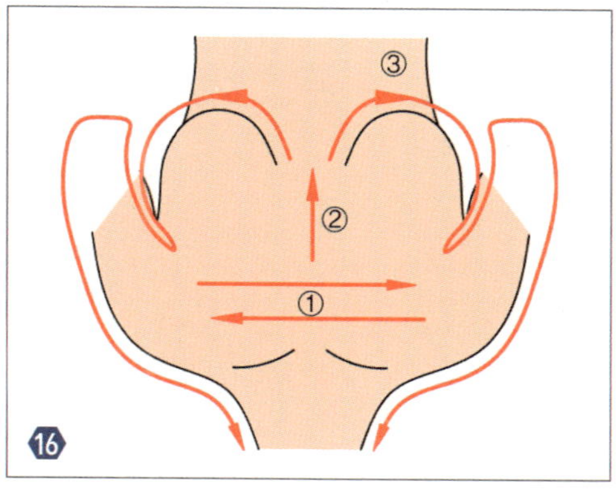

데콜데 쓸어준 후 흉골 – 가슴라인 – 액와 – 팔 – 후두로 쓸어준다.(1회)

7) 주의사항

① 신체 부위 중 가장 민감한 부위이므로 고객의 노출을 배려하는 태도를 가진다.

② 유두는 유선과 연결되어 있으므로 직접적으로 만지면 세균감염의 문제가 된다.

③ 근육의 결을 따라서 테크닉하며 림프의 방향에 따른 노폐물 배출을 용이하게 한다.

memo

CHAPTER 4

전신 팩·마스크하기

학·습·목·표

- 몸매 피부 유형에 따라 팩과 마스크 종류를 선택할 수 있다.
- 제품 성질에 맞게 팩과 마스크를 사용할 수 있다.
- 관리 후 팩과 마스크를 안전하게 제거할 수 있다.

1 전신 팩·마스크하기 개요

1) 전신 팩·마스크하기 정의

매뉴얼 테크닉을 통해 혈액순환이 된 후에 활성물질을 흡수시키는 단계이다. 신체 부위별과 피부 유형에 맞는 팩 제품을 선별하여 영양물질을 도포한 후 팩과 마스크로 밀봉을 하면 활성성분의 흡수가 극대화 된다. 이때 원하는 목적에 따라 노폐물이 배출, 세포 활성화, 박테리아 제거, 슬리밍 효과 등 다양한 결과물을 얻을 수 있다.

팩(Pack)은 '싸다', '포장하다'란 의미로 고대 시대로부터 얼굴이나 몸에 꿀이나 천연원료를 으깨어 발랐던 기록이 있다. 팩은 일정시간 방치하여 팩제의 유효성분이 피부에 흡수된 후, 떼어내거나 씻어내는 타입의 제품이다.

마스크(Mask)는 외부의 공기를 차단하는 것으로 피부의 수분증발을 막고 유효물질이 피부 깊숙이 침투하도록 돕는 역할을 한다.

2) 전신 팩·마스크하기 목적

팩은 보습과 청정작용, 혈액순환 촉진작용 효과가 있다. 부위별 팩, 마스크의 목적은 다양하며 일반적으로 다음과 같이 적용한다.

① **등 팩** : 보습, 각질 제거, 여드름, 근육 이완, 온열 관리

② **복부 팩** : 보습, 셀룰라이트 개선, 탄력, 튼살 개선, 온열 관리

③ **손, 발 팩** : 보습, 셀룰라이트 개선, 부종 개선, 혈액 순환, 근육 이완, 온열 관리

④ **발, 다리 팩** : 보습, 셀룰라이트 개선, 부종 개선, 혈액 순환, 탄력, 온열 관리

⑤ **가슴 팩** : 보습, 탄력, 혈액 순환, 튼살 개선 관리

2 전신 팩 · 마스크 화장품

1) 팩 · 마스크의 종류

① 필오프 타입(Peel off type)

팩을 바른 후 시간이 지나 건조되면 필름막을 떼어내는 방식으로, 팩이 건조되는 동안 긴장감을 주어 피부에 탄력이 생기고, 제거할 때 각종 피부의 노폐물과 먼지, 각질 등이 함께 탈락되어 피부를 청결히 하는 장점이 있다. 그러나 떼어낼 때 자극이 될 수 있기 때문에 민감성 피부나 여드름 피부는 사용을 자제하는 것이 좋다.

② 워시오프 타입(Wash off type)

팩을 얼굴에 도포한 후 20 ~ 30분 경과한 후 따뜻한 물로 씻어내는 타입의 팩으로, 머드계열의 진흙이나 고령토 등의 점토광 물질을 주성분으로 하여 물과 보습제 등을 배합하여 제조된다. 머드나 클레이는 피지흡착능력과 각질제거능력이 있으며, 카올린이나 알란토인은 피부 재생과 진정 효과가 있다. 물로 씻어낸 후 상쾌한 감촉을 느낄 수 있어 여름에 사용하기 적합한 팩이다.

③ 티슈오프 타입(Tissue off type)

보통 O/W 타입의 유화형태의 크림이며, 도포한 후 10 ~ 15분 후 티슈로 제거하는 팩으로, 사용이 간편하고 보습력이 우수한 장점이 있으나, 다른 팩에 비해 긴장감이 떨어지거나 청량감이 떨어지는 단점이 있다.

④ **시트 타입**(Sheet type)

얼굴 전체를 덮거나, 눈가나 코 등의 특정부위에 붙인 후 20 ~ 30분 정도의 시간이 경과한 후 떼어내는 팩으로 사용하기가 간편하다. 사용뿐만 아니라 제거도 수월하고, 원하는 부위에만 집중적인 관리를 할 수 있는 장점이 있다. 피부관리실에서 고가관리로 사용되는 콜라겐 벨벳 마스크(Collagen Velvet Mask)가 있다.

⑤ **분말 타입**(Powder type)

분말의 팩제를 물에 개서 얼굴에 도포하는 형태의 팩이다. 대표적인 것으로 석고팩, 효소팩, 모델링 마스크 등이 있다. 고무팩으로도 알려진 모델링마스크(Modeling Mask)는 최근 들어 많이 사용되고 있는 팩으로 모든 피부에 사용이 가능하다.

2) 팩 · 마스크의 성분

① **해조류**(Seaweed) **성분**

해조류는 비타민과 미네랄이 풍부하고 인체에 자연친화적이다. 조류의 특성은 피부 재구성 단백질이 있고 세포 재생을 도우며 신진대사를 촉진하고 항독소를 가지며 혈액순환을 촉진하고 연화성이 있고 수분이 풍부하다. 이러한 특성 때문에 셀룰라이트나 부종 개선에 도움을 준다. 스피루리나는 베타카로틴이 풍부하여 항산화 기능이 탁월하고 다시마는 카로티노이드, 비타민 D, 요오드가 많다. 특히 혈액순환, 해독, 셀룰라이트 완화와 개선효과가 있다.

② **진흙**(점토, Mud, Clay) **성분**

진흙은 미네랄 성분이 풍부하여 전신관리 시 큰 효과를 얻는다. 진흙을 온 몸에 바르고 랩핑을 하고 자극, 해독, 수분 효과를 촉진시키기 위해 30 ~ 60분간 휴식을 취한다. 피부관리에서 사용하는 진흙팩은 피부의 불순물을 제거하는데 사용되므로 지성피부에 효과적이다. 그 외에 건성피부에게 사용하기 위해 진흙에 보습성분을 섞어 출시한다.

③ **습지 진흙**(Moor Mud) **성분**

무어(Moor)는 습지를 의미하는 독일말로서 습지성 진흙을 말한다. 대략 3단년간 썩은 물질과 다른 성분들의 결과물이다. 수분량이 높고 영양소가 풍부해서 의학적 치료효과가 있다. 해독의 특성뿐만 아니라 진정과 피부 밸런스에도 효과적이다. 미량원소, 미네랄, 아미노산, 효소, 비타민, 필수오일을 함유하고 있어 스파에서 가장 많이 사용하는 제품이다.

④ **파라핀 마스크**(Paraffin Mask)

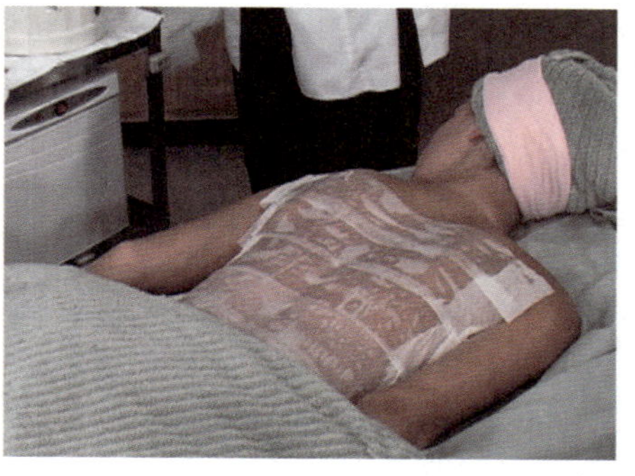

파라핀은 병원에서 손과 관절통 완화를 위해 치료적 목적으로 사용했다. 특징은 피부를 따뜻하게 하고 성분 주입을 도우며 피부를 부드럽게 한다. 따뜻한 파라핀은 전신관리에 훌륭한 마스크로 제공된다. 겨울에는 여름보다 두껍게 사용되야 한다. 원하는 부위에 영양물질을 도포 후 거즈에 파라핀을 담가 붙여준다. 10 ~ 15분 정도 지나 떼어낸 후 온습포로 제거한다.

⑤ **모델링 마스크**(Modeling Mask)

모델링 마스크는 주요성분인 알긴산이 칼슘이온과 같은 양이온과 반응하여 겔화가 이루어지면서 굳어져 고무처럼 단단해진다. 주요성분인 알긴산은 미역이나 다시마 등에서 볼 수 있는 끈적끈적한 점성을 가진 물질로 클렌징으로 해결되지 않는 각종피지나 각질, 블랙헤드 등이 고무팩을 하는 과정에서 팩에 흡착되어 깨끗한 피부를 만들어 주는 장점이 있다. 쿨링이 필요한 부위에 도포가 가능하다. 특히 등 여드름, 레이저 사후관리, 제모 후, 민감한 피부, 혈관확장 피부 등 수축과 진정완화에 도움이 필요한 부위에 가능하다. 수용성 영양물질을 도포 후 스파츌러에 적당량을 만들어 모델링을 신속하게 도포한다. 마르면 떼어낸 후 남은 양을 핸드드라이하고 마무리 크림을 바른다.

⑥ **석고 마스크**(Gypsum Mask)

석고는 탄산칼슘성분으로 물이 닿으면 열이 발생되는 원리를 이용한다. 굳으면 딱딱하게 되기 때문에 전신 관리 후 체형을 유지하기 위해 석고마스크를 이용하기도 한다. 피부에 직접 바르면 떼어낼 때 체모까지 뜯겨질 수 있으므로 반드시 거즈나 랩 위에 바르도록 해야 한다. 영양물질을 흡수시키는 목적이라면 유성성분의 크림을 도포 후 진행을 해야 한다.

⑦ **초콜릿 팩**(Chocolate Pack)

초콜릿의 성분인 카카오는 강력한 항산화 기능을 가진 폴리페놀과 미네랄, 불포화 지방산, 테오브로민을 함유하고 있는 대표적인 항노화 성분이다. 테오브로민은 카페인만큼 강하지는 않지만 중추신경계를 자극하는 약리효과로 혈액 흐름과 신장기능의 강화 효과로 혈액순환과 이뇨효과를 가진다.

3 전신 팩·마스크하기

① 도구를 사용하여 부위 순서에 맞게 펴 바른다.(도구 : 붓, 1회용 장갑, 스파츌라 등)
② 도포 후 피부 상태에 따라 일정시간을 기다린다.(20 ~ 30분)
③ 적절한 방법으로 팩을 제거한다.(온습포 or 1회용 퍼프 이용)
④ 제거 후 잔여물이 남지 않도록 확인한다.
⑤ 토너를 이용하여 피부결을 정돈한다.
⑥ 경우에 따라 패치 테스트 후 진행하도록 한다.

memo

5 CHAPTER 전신관리 마무리하기

학·습·목·표

- 전신관리가 끝난 후 토닉으로 피부정리를 할 수 있다.
- 고객의 전신 피부유형에 따른 기초화장품류를 선택할 수 있다.
- 해당부위에 맞는 제품을 선택 후 특성에 따라 적용할 수 있다.
- 피부손질이 끝난 후 전신을 가볍게 이완할 수 있다.

1 전신관리 마무리하기 개요

전신관리를 진행하면서 지속적으로 흡수된 영양성분에 보호막을 도포하여 활성성분의 효과를 높이는 단계이다. 토닉으로 pH를 조정하고 낮과 밤의 화장품을 선별하여 가볍게 마무리해준다. 또한 해당 부위에 맞게 이완시키는 가벼운 스트레칭 동작을 구사하며 마무리한다.

2 전신관리 마무리 화장품의 종류

① **토닉** : 피부타입에 맞춰 토닉으로 청결하게 마무리한다.

② **로션이나 크림** : 피부 타입에 맞춰 발라주되 제형상 끈적이는 것이 싫은 고객은 로션타입으로 마무리한다.

③ **자외선 차단제** : 고객에게 자외선 차단제 도포 여부를 물은 후 진행하도록 한다.

3 전신관리 마무리하기

① 온습포를 이용하여 깨끗하게 닦아낸다.

② 피부유형에 맞는 토너를 이용하여 피부결을 정돈한다.

③ 피부 유형에 맞는 기초화장품을 도포하여 흡수시킨다.

④ 피부 손질이 끝난 후 전신을 가볍게 이완한다.

참고문헌

국가직무능력표준(www.ncs.go.kr)

근·골격·신경계 해부학 엑서사이즈, 대경북스, 2010, 김복현 외 저

리메디얼 테라피(Remedial Therapy)를 위한 근골격계 진단과 평가, (주)영림미디어, 2015, 조현준 외 저

림프부종, 정담미디어, 2002, 김성중 저

미용인을 위한 해부생리학, 메디시언, 2015, 김기영 외 저

셀룰라이트 진단과 치료, 한솔, 2014, Pier Antonio Bacci 저

아로마테라피, 메디시언, 2014, 김연숙 외 저

에센스 화장품학 수정판, 메디시언, 2014, 김경영 외 저

우리아이 평생건강을 책임지는 완전한 모유수유-완모 프로젝트, 열린시대사, 2013, 주경이 외 저

피부미용사 필기시험 한번에 합격하기, 크라운 출판사, 2015, 리순화 저

피부영양학 3판, 정담미디어, 2012, 한정순 외 저

해부생리학, 수문사, 2011, 이한기 외 저

화장품 과학 가이드, 곽문각, 2011, 김주덕 외 저

Massage Bodywork, 일진사, 2011, 박동호 저

Milady's 고급피부학(Standard Comprehensive Training for Estheticians), 군자출판사, 2006, Janet D'Angelo 외 지음 / 김문주 외 저

NCS기반

전신관리학

초 판 인 쇄 | 2016년 3월 25일
초판 1쇄 발행 | 2016년 3월 30일
초판 2쇄 발행 | 2021년 8월 31일
초판 3쇄 발행 | 2022년 8월 31일

저 자 | 전소현, 이은주

발 행 인 | 조규백
발 행 처 | 도서출판 **구민사**
(07293)
서울특별시 영등포구 문래북로 116, 604호(문래동 3가 46, 트리플렉스)
전 화 | (02) 701-7421(~2)
팩 스 | (02) 3273-9642
홈 페 이 지 | www.kuhminsa.co.kr
신 고 번 호 | 제2012-000055호 (1980년 2월 4일)
I S B N | 979-11-5813-229-3 [13590]
값 | 18,000원